Motor Fan
illustrated Vol. 30

하이브리드 보디
Hybrid Body

알루미늄 합금, 카본 CFRP,
수지 플라스틱 보디의 핵심 기술

● 카본 보디 수리 방법 ● 자동차 보디 강판의 동향
● 보디 소재의 최신 동향 ● 알루미늄 외판에 초고장력강의 골격 기술

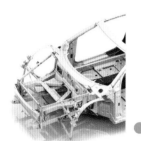

2006	2015	
		···· CFRP
		···· Al주조소재
		···· Al압출소재
		···· Al패널소재
		···· Mg(마그네슘합금)

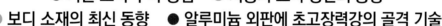

GoldenBell
www.gbbook.co.kr

004

Body Construction IV **HYBRID**

006 **INTRODUCTION** 최신보디의 해석방법

012 **CASE 1** 알루미늄 외판에 초고장력강의 골격 Mercedes-Benz C Class[메르세데스 벤츠 C 클래스]

016 **CASE 2** 초대부터 2세대로. 진화한 ASF는 CFRP를 사용한다 AUDI R8[아우디 R8]

018 [기초소재 & 기술 트렌드] 알루미늄 합금 Aluminium Alloy

022 **CASE 3** 이종소재로 구성된 BIW는 불과 168g CFRP 모노코크는 65kg ALFA 4C[알파 4C]

024 **CASE 4** AMG 개발 제2탄 스페이스 프레임 구조의 GT카 MERCEDES-AMG GT[메스세데스AMG GT]

026 **CASE 5** 강력한 토크를 받아내는 알루미늄 새시 Chevrolet STINGRAY[쉐보레 콜벳]

028 [기초소재 & 기술 트렌드] 카본 CFRP
030 **COLUMN 01** 카본 보디 수리

034 **CASE 6** 10년 사이에 진화한 포르쉐만의 CFRP 활용기술 PORSCHE 912[포르쉐 918]

036 **CASE 7** 철저하게 운동성을 추구한 신세대 미드십 새시 HONDA S660[혼다 S660]

040 **CASE 8** 990kg까지 가볍게 한 보디와 강성감 MAZDA ROADSTER[마쓰다 로드스터]

044 [기초소재 & 기술 트렌드] 스틸 Steel

047 **CASE 9** 데미오를 SUV로 변신시키기 위한 연구 MAZDA CX-3[마쓰다 CX-3]

049 **CASE 10** 레보그의 FP를 바탕으로 강성을 강화 비틀림 강성계수는 40%, 휨 강성계수는 30%향상
　　　　HONDA S660[혼다 S660]

052 [기초소재 & 기술 트렌드] 수지 Plastic
054 **COLUMN 02** "탄소섬유 다음 주자"가 될 수 있을까-CNF

056 **Mfi 특별 보고서** [신공법] "PCM"이 펼치는 자동차의 CFRP 사용

061 [Special Interview] 자동차 용도에 대한 사용을 가속화하려면 미쓰비시 케미컬 홀딩스의 CFRP 전략

Motor Fan
illustrated
CONTENTS

Special Edition

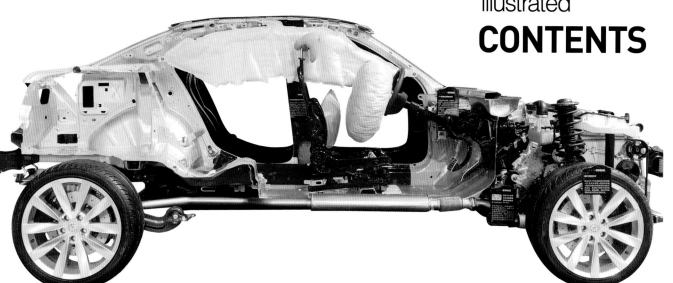

065 도해특집 보디 컨스트럭션 Ⅲ

066   **INTRODUCTION**   보디가 바뀌면서 경쟁이 바뀌었다

070 **[CASE SYUDY 01]**   MQB 보디는 어떻게 진화했을까?
074 **[CASE SYUDY 02]**   일괄기획과 모델 별 최적화
078 **[CASE SYUDY 03]**   "스틸에 대한 끝없는 연구" 닛산의 목표는 초고장력 강판 사용 비율 25%
080 **[CASE SYUDY 04]**   스바루 보디의 개념과 제조
     084 **[COLIMN]**   자동차 보디 강판 동향
086 **[CASE SYUDY 05]**   포드 C1 플랫폼을 볼보 식으로 승화
088 **[CASE SYUDY 06]**   알루미늄 하이브리드 보디 셀
090 **[CASE SYUDY 07]**   LSW와 구조용 접찹제로 강성을 향상
     092 **[COLIMN]**   보디 소재의 최신 동향
094 **[CASE SYUDY 08]**   테마는 경량 고강성. 고장력 비율을 높여 달성
096 **[CASE SYUDY 09]**   PSA판 MQB. 먼저 C4 피카소와 308부터 적용
098 **[CASE SYUDY 10]**   올 알루미늄 보디의 레인지로버
100 **[CASE SYUDY 11]**   올 알루미늄으로 만들어진 오리지널 보디
102 **[CASE SYUDY 12]**   CFRP 보디와 알루미늄 섀시로 이루어진 혁신적 보디 구조
104 **[CASE SYUDY 13]**   혼다가 2020년대를 목표로 개발 중인 CFRP 플로어
105 **[CASE SYUDY 14]**   고든 머레이의 istream과 야마하의 합작

106   **EPILOGUE**   보디야 말로 핵심 기술

HYBRID

Body Construction IV

HYBRID

[철, 알루미늄, 카본의 최종전쟁]

자동차의 보디는 철(鐵)이 지배해 왔다.

그 지배력은 압도적이어서 철이야 말로 자동차 보디의 「헌법」같은 존재였다.

수지를 사용하는 진영은 GFRP(Glass Fiber Reinforced Polymer), 올레핀, CFRP(Carbon Fiber Reinforced Plastics) 등으로 대항했지만

사용비율은 아직도 낮은 편이다.

비철금속에서는 알루미늄이 유력한 후보지만 보디에 있어서의 점유율은 아직 많지 않다.

성형성, 접합성, 소재가격, 복구성 등 철에는 전체적 균형이라는 강점이 있다.

강점이 있는 만큼 그렇게 쉽게 주역의 지위를 물려주지는 않을 것이다. 하지만 수지와 알루미늄도

호시탐탐 보디 소재로 침투하려고 노리고 있다.

관건은 「경량화」이다. 성형기술과 접합기술의 발전이 이를 뒷받침하고 있다.

안전충돌에 대한 대응에 있어서 철 보디가 점점 무겁게 느껴지는 반면에, 수지와 알루미늄은 「헌법개정」이라는 쐐기를 박았다.

이 세 가지 소재의 싸움이 격렬해지면서 보디 소재의 최종 전쟁이 시작되려 하고 있다.

방향성은 바로 하이브리드 보디이다.

철, 수지, 비철금속을 각각 적재적소에 이용하는 방법인 것이다.

전쟁의 서막이 시작되었다.

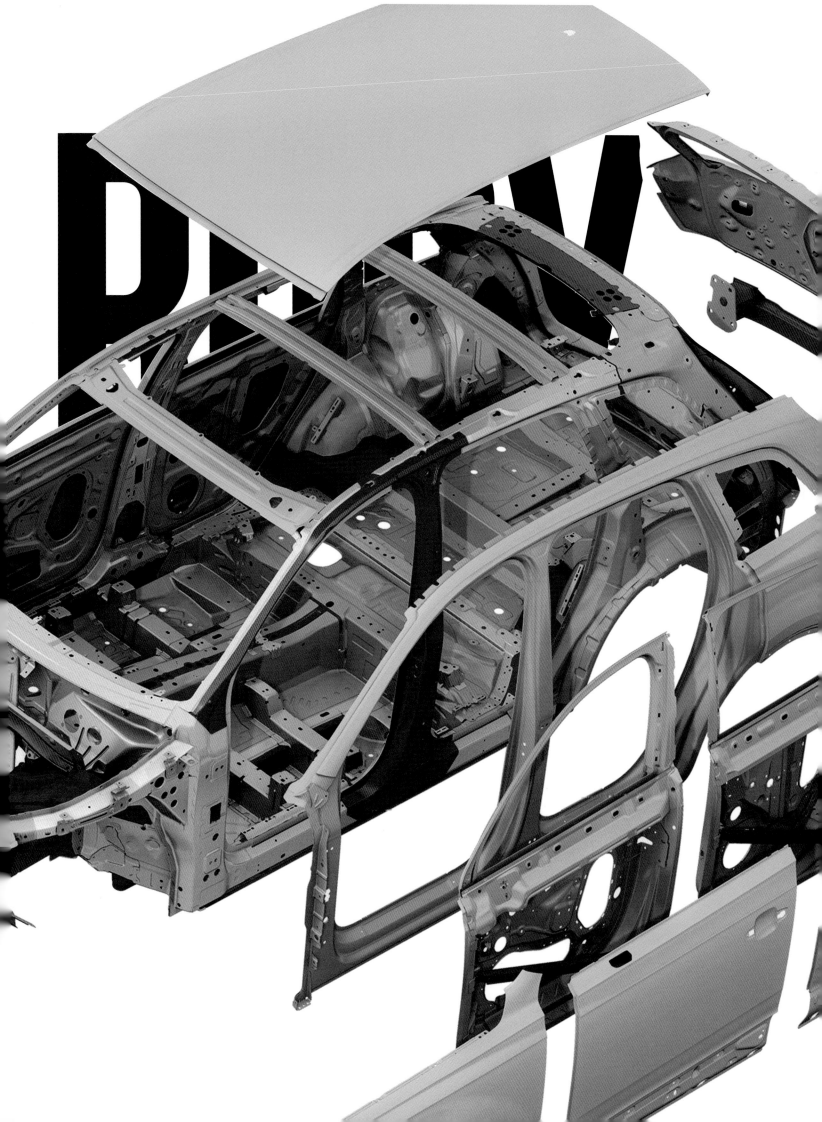

최신 보디의 해석방법

극히 일반적인 양산 자동차 보디는 현재 이렇게 만들어지고 있다.
먼저 「부분별 형태에는 모두 이유가 있다」는 것을 알아두길 바란다.

수치 : 다임러 / 후지 헤비 인더스트리 / 재규어 랜드로버 / 만자와 고토미 / 닛산 / 마키노 시게오 / SuperLIGHTCAR Prodect
본문 : 마키노 시게오 그림

1 「부분」과 「전체」 - Partial and Total -

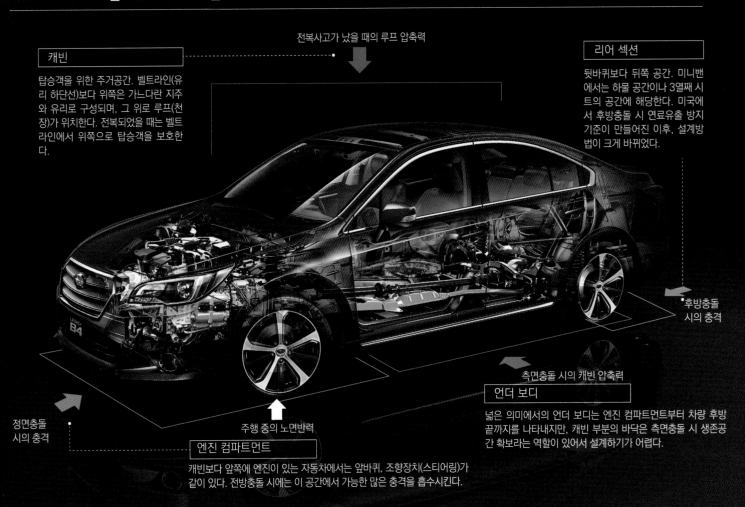

전복사고가 났을 때의 루프 압축력

캐빈

탑승객을 위한 주거공간. 벨트라인(유리 하단선)보다 위쪽은 가느다란 지주와 유리로 구성되며, 그 위로 루프(천장)가 위치한다. 전복되었을 때는 벨트라인에서 위쪽으로 탑승객을 보호한다.

리어 섹션

뒷바퀴보다 뒤쪽 공간. 미니밴에서는 하물 공간이나 3열째 시트의 공간에 해당한다. 미국에서 후방충돌 시 연료유출 방지 기준이 만들어진 이후, 설계방법이 크게 바뀌었다.

후방충돌 시의 충격

측면충돌 시의 캐빈 압축력

정면충돌 시의 충격

주행 중의 노면반력

언더 보디

넓은 의미에서의 언더 보디는 엔진 컴파트먼트부터 차량 후방 끝까지를 나타내지만, 캐빈 부분의 바닥은 측면충돌 시 생존공간 확보라는 역할이 있어서 설계하기가 어렵다.

엔진 컴파트먼트

캐빈보다 앞쪽에 엔진이 있는 자동차에서는 앞바퀴, 조향장치(스티어링)가 같이 있다. 전방충돌 시에는 이 공간에서 가능한 많은 충격을 흡수시킨다.

엔진 컴파트먼트 주변에는 노면에서 올라오는 입력에 대해 보디가 변형되지 않도록 강성을 높이기 위한 부자재가 다수 있으며, 충돌 내구 부자재 역할을 겸한다.

노면에서 올라오는 입력으로 인해 진동·소음이 증가하지 않도록 대책을 세우는 부분. 색으로 구분된 부분이 진동과 소음을 맡는 동시에 보디강성이나 충돌 충격에도 대응한다.

보디 전체를 설계할 때는 진동·소음, 강성, 충돌 내구강도가 전체적으로 잘 조화되도록 항상 조정이 이루어진다. 설계담당부서는 부분별로 나누어져 있지만, 전체를 감독하는 입장의 엔지니어에게는 그런 균형 감각이 요구된다. 그렇기 때문에 보디 설계가 어려운 것이다.

캐빈 앞뒤로 배치되는 바퀴. 그것을 지지하는 서스펜션. 차체에 대한 서스펜션 연결. 후방에서의 추돌대책. 세단은 전체성능에서 이점이 있다.

1 : 범퍼 빔(Bumper Beam)
차체 가장 앞에 위치하면서 폭 방향으로 넓은 형상을 하고 있다. 실제 도로 상에서 정면으로 충돌하는 경우는 거의 없고, 차체 중심선의 좌측이나 우측 어느 한 쪽으로 치우치는 경우가 대다수이다. 그런 경우라도 차량의 한쪽으로 충격이 집중되지 않도록, 강도가 높은 소재로 만들어진 범퍼 빔이 먼저 상대 차량이나 물체와 부딪쳐 엔진 컴파트먼트 내에 있는 2개의 전방 사이드 멤버로 충격이 유도되도록 작동한다.

2 : 라디에이터 서포트(Radiator Support)
라디에이터를 고정하는 틀. 강도는 필요 없기 때문에 수지로 만드는 경우도 증가했다.

3 : 크러시 박스(Crush Box)
좌우대칭 위치에 있으며 범퍼 빔은 여기에 장착된다. 가벼운 충돌은 이 부분이 찌그러지면서 충돌의 충격을 흡수해 차량 본체에 데미지가 전달되지 않도록 한다.

4 : 프런트 사이드 멤버(Front Side Member)
엔진 컴파트먼트 내에서 앞바퀴보다 안쪽에 좌우 대칭으로 위치한다. 엔진 중량을 잡아주고 전면충돌이 발생했을 때는 그 충격을 흡수하는 역할을 한다.

5 : 펜더 에이프런 패널(Fender Apron Panel)
대부분의 자동차는 이 위치에 앞바퀴 댐퍼(쇽 업소비)가 고정된다. 주행할 때는 노면으로부터의 힘(反力)을 가장 많이 받는 부위이기도 하다. 알루미늄 보디의 경우 이 부분은 튼튼한 주물을 사용하는 경우가 많다.

6 : 대시패널(Dash Panel)
방화벽. 벌크 헤드라고도 불린다. 엔진 컴파트먼트와 차량실내를 나누는 건고한 벽.

7 : 보닛 후드(Bonnet Hood)
예전에는 전면충돌 때 보닛 후드가 실내로 들어와 탑승객에게 손상을 주는 사고가 많았지만, 현재는 계산된 「굴절」이 이루어진다. 심지어 보행자 보호규정이 도입된 이후에는 보행자 사고발생 시 가해성을 낮추는 설계로 바뀌었다.

8 : 프런트 사이드 멤버의 굴절
자동차 보디 안에서 가장 강하고 튼튼하게 만들어지는 프런트 사이드 멤버는 엔진 컴파트먼트보다 뒤쪽에서 바닥 아래로 잠입하듯이 뻗어나간다. 그 때문에 굴절 포인트가 생긴다. 현재의 자동차가 갖고 있는 약점 가운데 하나이다.

9 : A필러(A Piller)
전에는 앞 유리와 지붕을 떠받치기만 하는 기둥이었지만, 현재는 전면 충돌 시 충격을 지붕 방향으로 유도하는 역할도 맡는다. 충격을 넓은 범위로 전달하는 부위를 로드 패스(Road Path)라고 부르는데 A필러도 그 가운데 하나이다.

10 : A필러의 밑(뿌리)
80년대 후반기의 자동차와 현재의 자동차를 비교하면 이 부분의 설계가 가장 많이 변했다. 한 쪽 프런트 사이드 멤버만으로 큰 충격을 흡수해야 하는 차량중심 편차(옵셋) 충격에 있어서 이 부분으로 큰 파괴력이 작동한다. 또한 프런트 사이드 멤버보다 바깥쪽인 만큼 차량 전폭 가운데 가령 10% 정도가 부딪치는 상황에서는 최종적으로 모든 충격을 여기서 막아낸다.

11 : 사이드 실(Side Sill)
「이 부분을 제대로 설계할 수 있다면 열 사람 몫은 하는 것」이라고 이야기될 정도로 설계가 어렵다. 측면 충돌 시 이 부분이 큰 충격을 부담하는 동시에 보디 강성에 있어서도 중요한 부위이다. 게다가 근래에는 차체설계를 여러 모델에서 공유하기 때문에 사이드 실에서 횡폭의 확대축소에 대응하지 않으면 안 된다.

12 : B필러(B Piller)
캐빈 중앙에서 천장을 떠받치는 지주. 측면 충돌 시에는 이 한 개의 기둥만으로 상대 차량의 침입을 막아내야 하고, 전복이 됐을 때는 지붕이 찌그러지는 것을 막아내야 한다. 근래에는 제조기술의 혁신이 추진되는 중심부분이기도 하다.

13 : B필러 밑(뿌리)
보디 강성 측면에서 보면 사이드 실과 B필러의 결합은 강하고 튼튼해야 한다. 그러나 측면 충돌 시에는 이 부분을 일부러 크게 변형시켜 충돌 에너지를 흡수하는 역할이 요구된다.

14 : 크로스 멤버(Cross Member)
차량 실내를 좌우로 횡단하듯이 바닥 면에 배치되는 횡단 골격 자재. 방화벽 바로 밑, 앞좌석 바로 밑, 뒷바퀴 부근까지 3개의 크로스 멤버를 배치하는 경우가 많다.

15 : C필러 밑(뿌리)
뒷바퀴 휠 하우스 바로 위 또는 바닥 방향으로는 폐쇄된 단면(폐단면)을 한 상자 모양의 린 포스먼트(Lean Forcement)가 들어가는 경우가 많다. 서스펜션에서 보디로 전달되는 입력을 확실하게 막아내기 위해서이다. 또한 댐퍼를 보디에 고정하는 위치 부근도 이에 비슷한 보강이 이루어진다. 다만 어떤 식으든 차량 실내로 튀어나오기 때문에 실내 공간과 보강과의 절충이 필요하다.

16 : 루프 사이드 레일(Roof Side Rail)
차량 실내를 좌우로 연결하는 구조재로서 이것이 없는 왜건 보다는 세단에 비해 보디의 강성이 떨어지는 운명을 가질 수밖에 없다. 앞 유리 양쪽의 A필러, 뒤 유리 양쪽의 C필러가 각각의 외관으로 간주되던 시대는 아주 오래 전이다. 현재는 아치(원호)를 그리는 1개의 곡선을 그리면서 루프 사이드 레일이 과연 어디부터 어디까지인지 정의하기 어렵다. 필러와 일체화되있기 때문이다.

17 : 패키지 트레이(Package Tray)
뒷자리 후방에 위치하는 이 구획 판은 세단이기 때문에 배치되는 부품이다. 리어 서스펜션을 위쪽에서 좌우로 연결하는 구조재로서 이것이 없는 왜건 보다는 세단에 비해 보디의 강성이 떨어지는 운명을 가질 수밖에 없다.

18 : C필러(C Piller)
자동차를 정중앙 위에서 보았을 때(평면도), 현재의 일정 치수 이상의 자동차는 벨트 라인부터 위쪽 캐빈이 보디 후방을 향해 안쪽으로 좁아진 경우가 많다. 이 처리를 「평면조임」이라고 부른다. 공기저항이 줄어드는 효과가 있지만 뒤 유리 면적이 작아진다.

19 : 리어 사이드 멤버(Rear Side Member)
뒷바퀴보다 뒤쪽에도 프런트 사이드 멤버와 비슷한 리어 사이드 멤버가 좌우 대칭으로 배치된다. 연료 탱크는 그 안쪽에 위치한다.

승용차 보디는 진화 중이다. 밖에서는 보이지 않아도 확실하게 진화하고 있다. 방향성은 하이브리드 보디이다. 하이브리드란 「복합」「혼합」이라는 의미로서, 다시 말하면 여러 소재를 같이 사용하는 구조를 말한다. 자동차용 강판에는 단단한 것부터 부드러운 것까지 다양한 종류가 있기 때문에 자동차 보디를 만드는데 있어서는 그다지 선택에 있어서는 제한이 없다. 다만 강재는 무겁다. 근래에는 고강도 강판을 사용하고 그 대신에 판 두께를 얇게 하는 「게이지다운」이 유행하고 있지만, 강판을 얇게 하면 단면적이 줄어들어 강성이 떨어진다. 강성이 필요한 부위에는 강도는 떨어져도 약간 두꺼운 강판을 사용한다. 즉 강판으로만 만들어진 보디도 넓은 의미에서는 하이브리드 구조라고 할 수 있다. 성질이 다른 강판을 적재적소에 사용하는 하이브리드 구조인 것이다.

그리고 근래에는 이종소재의 하이브리드 구조가 서서히 증가하고 있다. 어떤 소재를 보디의 어떤 보디에 사용할지는 모두 이유가 있다. 보디 각 부위의 역할을 고려해 거기에 맞는 소재를 사용한다. 다만 양산 승용차에는 「제작편리성」이나 「비용」의 관리가 필수이기 때문에, 그런 요소와 절충해가면서 소재를 선택한다. 부분을 생각하고 전체를 생각한다. 부분마다 최적화했더라도 보디 전체를 보았을 때 뭔가 이상이 있으면 안 된다. 이런 점이 사농차 보디설계의 어려움이다. 또한 제조설비도 고려하지 않으면 안 된다. 갖고 있는 공장설비로 제조할 수 있는지, 아니면 신규설비를 도입해야 하는지. 이런 점은 제조비용과의 균형이 있어서, 비용이 상승하면 이익률을 깎든가 판매가격을 인상하든가 하는 판단이 요구된다.

나아가서는 「수리성」도 고려요소이다. 수리성이 나쁘면 차량보험 요율이 올라가기 때문이다. 예를 들면 미국 포드의 풀 사이즈 PUT(PickUp Truck)인 「F150」의 래더 프레임은 강으로, 보디는 알루미늄으로 만든다. 그런데 알루미늄 보디의 PUT는 처음이었지만 어쨌든 보험 요율을 기존과 똑같은 기준으로 결정했다. 하지만 실제로 시장에서 사용되는 가운데 수리비가 높다고 판단되면 요율은 올라간다. 이것은 자동차보험업계 단체가 결정한다. 자동차 보디에는 이런 일면도 있다.

2 「강도」와 「강성」 − Strength and Stiffness −

강도

외부에서 가해지는 힘(주로 압축력)에 대해 어디까지 「변형」이나 「파괴」에 견딜 수 있는지를 나타내는 지표.

- 인장강도
  어느 이상의 힘으로 당기면 「찢어지는(파손되는)」 한계
- 항복점 강도
  어느 이상의 힘을 가하면 「원래 형상대로 돌아가지 않는」 한계
- 연성
  어느 이상의 힘을 가하면 「찢어지는(파손되는)」 한계점에서의 변위량

강성

외부에서 가해지는 「굽힘」 「비틀림」 등의 힘에 대해 「변형 난이도」를 나타내는 지표.

- 축 강성
  축 방향으로 가해지는 힘(종이컵을 위에서 눌러서 찌그러트리려는 것 같은)에 대한 변형의 어려움과 쉬움의 정도
- 굽힘 강성
  물체를 「굽히는」힘(각도 당 굽히려는 힘)에 대한 변형의 어려움과 쉬움의 정도
- 비틀림 강성
  물체를 「비트는」힘(걸레를 양손으로 비트는 것 같은)에 대한 변형의 어려움과 쉬움의 정도

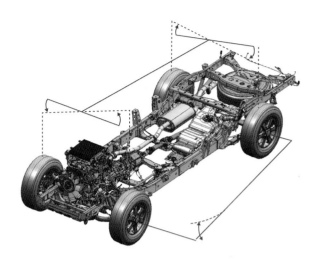

「굽힘 강성」은 앞뒤 어느 한 쪽의 차축(이 일러스트에서는 뒤 축)을 고정하고, 그 반대쪽 차축을 위아래로 굽히는 식의 힘을 가했을 때(파란 화살표)의 「변형 난이도」로 Nm/deg로 나타낸다. 「비틀림 강성」은 앞 차축과 뒤 차축을 각각 반대방향으로 비트는(붉은 화살표) 힘을 가했을 때의 「변형의 어려움과 쉬움의 정도」로 Hz(헬츠)로 나타낸다. 「동(動)강성」에는 역학적인 정의는 없지만, 이것이 높은 쪽이 운전조작에 대한 반응이 정확하다고 해석하면 거의 틀림없을 것이다.

▶ 보디를 설계할 때의 「강도」와 「강성」

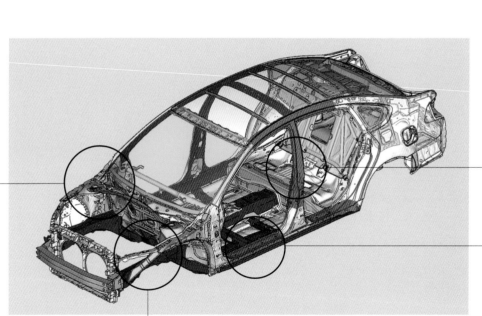

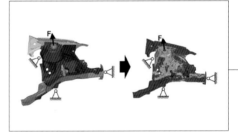

앞바퀴가 노면으로 인해 「튀어 올랐을」때 바퀴와 보디 중간에 있으면서 충격을 흡수하는 역할을 댐퍼(쇽 업소버)가 맡는다. 댐퍼를 정확하게 작동시키기 위해서는 보디 쪽 마운트 부분이 강하고 튼튼해야 한다. 위 CG는 실제 펜더 에이프럴 패널 부분을 분석한 것으로, 보디 강성을 말할 때 중요한 부위이다.

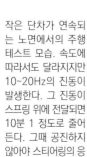

작은 단차가 연속되는 노면에서의 주행 테스트 모습. 속도에 따라서도 달라지지만 10~20Hz의 진동이 발생한다. 그 진동이 스프링 위에 전달되면 10분 1 정도로 줄어든다. 그때 공진하지 않아야 스티어링의 응답성이 유지된다.

2001년 당시 볼보 카즈의 실험실에 넘겨진 실제 사고차량. 요즘 말하는 스몰 옵셋 충돌에 해당하는데 캐빈의 변형이 적었다. 강판의 강도는 기껏해야 780MPa이다. 보디 전체가 강도를 발휘한 사례이다.

단순하게 표현하면 자동차는 튼튼한 「상자」에 바퀴가 붙어 있는 것과 같다. 여간해서는 변형될 것으로 생각되지 않는다. 하지만 주행 중인 자동차 보디는 미세하게나마 변형을 일으킨다. 4개의 바퀴가 지면 위를 굴러갈 때는 조그마한 요철을 타고 넘기만 해도 「노면의 반력」이 항상 보디에 전달된다. 얼마만큼의 힘이 전달되었을 때 어떻게, 어느 정도로 변형을 일으키는지는 「보디의 강성」이라는 말로 표현된다. 이것은 「변형이 잘 일어나지 않는」정도이다. 타이어→휠→서스펜션→보디 순서로 힘이 전달되고, 보디에 장착된 시트에 앉아 있는 탑승객은 그 「힘」을 진동이나 소리로 느낀다.

앞 페이지 일러스트는 실제 래더(사다리꼴) 프레임 차량을 분석한 데이터로서 강성에 대한 개념을 보여준다. 중앙 정면에서 보디로 한 개의 꼬챙이(붉은 실선)를 꽂았을 때 그 주위로 작동하는 힘에 대해 저항하는 성질이 「비틀림 강성」이고, 보디를 중앙 측면에서 보았을 때 「구부러지는」 힘에 대한 저항력을 「굽힘 강성」이라고 부른다. 실제로는 「굽힘」과 「비틀림」뿐만 아니라 「압축력」「전단력」도 가해지지만 이해하기 쉽도록 정리해 표현하고 있다.

흥미로운 것은 각각을 표현하는 단위이다. 정강성(靜剛性)은 Nm/deg(작용각도)로 메이커 공식수치를 보면 푸조 308은 17.7Nm/deg이다. 이 이하의 힘만 가해진다면 보디는 변형되지 않는다. 한편 동강성(動剛性)은 Hz(헤르츠)로 나타낸다. 노면에서 받는 힘을 진동이라고 생각하고, 이 주파수 이하에서는 보디가 변형되지 않는다는 의미이다. 정강성과 동강성에는 수식으로 표현되는 상관관계가 있지만 실제로 자동차를 운전할 때 느끼는 「강성 감각」은 더 복잡하다. 덧붙이자면 정강성은 낮고 동강성이 높은 자동차가 있는가 하면, 그 반대인 경우도 존재한다. 다만 일반적으로는 정(靜)강성이나 동(動)강성 모두 숫자가 클수록 변형이 잘 일어나지 않는 즉, 조향 입력(스티어링 조작)에 대한 응답성이 좋다고 받아들여진다.

강성(Stiffness)과 혼동하기 쉬운 것이 외부에서 가해지는 힘에 대해 얼마만큼 견딜 수 있는가를 나타내는 강도(Strength)이다. 자동차의 경우 충돌이 발생했을 때 보디가 변형에 견딜 수 있는 정도를 강도라고 부른다. 주행이 아니라 파괴에 대한 저항력이라고 생각하면 된다. 또한 강판의 강도를 나타낼 때 사용하는 MPa(메가 파스칼)은 파괴되기 전에 얼마만큼의 힘을 흡수할 수 있는지(변형을 모아둘 수 있는지)를 타나내는 지표이다.

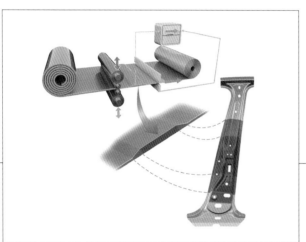

측면 충돌 기준이 도입된 이후 B필러는 고강도 설계로 바뀌었다. 왼쪽 사진은 6세대 VW 골프의 B필러. 일러스트는 7세대 골프에 적용된 테일러 롤러드 블랭크(Tailor Rolled Form. TRB)로 성형된 B필러. 탑승객까지의 거리가 없는 가운데 어떻게 캐빈을 지킬지에 부심하고 있다.

반복적으로 가해지는 힘에 견딜 수 있는 내구성

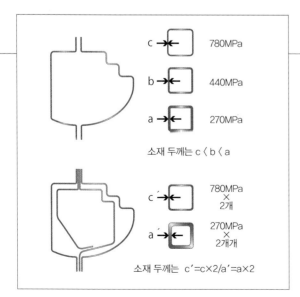

c → 780MPa
b → 440MPa
a → 270MPa

소재 두께는 c < b < a

c´ → 780MPa × 2개
a´ → 270MPa × 2개

소재 두께는 c´=c×2/a´=a×2

보디의 강도는 충돌 안전성과 관계가 깊다. 강도가 높은 소재를 사용해 보디를 만들면 차량 실내의 변형을 낮출 수 있으며, 그 효과는 충돌 안전 실험에서 확인할 수 있다. 하지만 자동차를 오랫동안 사용하면 자연스럽게 소재와 접합부근이 피로해져 강도가 떨어진다. 차체에 반복적으로 가해지는 힘이 조금씩 보디를 혹사시킨다. 이 「혹사」는 당연히 보디의 강성에도 영향을 끼친다. 현재의 자동차는 장시간 사용을 시뮬레이션함으로써 초기 성능이 가능한 오랫동안 유지되는 방법들을 적용하고 있다.

사이드 실은 측면 충돌을 했을 때의 강도뿐만 아니라 강성도 요구된다. 위쪽 그림은 05년 당시의 일본차량, 아래쪽 그램은 08년의 독일차량. 상부 플랜지 4개가 사용되는 설계이기 때문에 구조 접착제와 레이저 MIG용접이 필요했다. 강도와 강성에 대한 요구가 제조에도 영향을 끼친 사례이다.

왼쪽 사진을 많이 닮은 6세대 골프의 사이드 실 단면. 7세대 골프는 조금 더 말끔해졌는데 그 배경에는 열간성형으로 인장강도가 1.5GPa급이나 되는 강재를 사용할 수 있게 된 사정이 있다.

성형의 용이성과 인장강도의 관계

통상 이런 종류의 그래프는 세로축에 신장률(elongation)을 %로 놓고, 가로축에 인장강도를 놓는다. 그것이 철 중심의 「헌법」이다. 강과 알루미늄, 카본을 같은 무대에서 비교하려 하면 적절한 표현이 존재하지 않는다. 약간은 대략적이라는 사실을 밝히며, 세로축을 「성형의 용이성」이라는 표현을 사용해 그래프를 만들면서 오월동주(吳越同舟)를 나타내 보았다.

알루미늄을 녹여 주물로 만들면 성형성은 아주 뛰어나다. 금형만 개량하면 어떤 형상이든 만들 수 있다. 성형의 용이성은 거의 100%. 실제로 알루미늄 주물로 만들어진 보디 구조의 소재가 여기저기서 사용되고 있다.

철도 마찬가지로 주물로 만들어진다. 하지만 자동차 보디에 사용하기에는 너무 무겁다. 서스펜션 멤버나 서브 프레임으로 사용하기에도 무리이다.

CF(Carbon Fiber)는 금속계통 소재와는 전혀 다른 성질을 가진 섬유이다. 조합하는 수지나 짜는 방법, 가공방법에 따라 성형의 용이성과 강도가 완전 다르다. 기존의 장섬유와 열경화성 수지와의 조합뿐만 아니라 단섬유 상태로 해서 열가소성 수지와 조합하는 방법 등이 실용화 단계에 들어갔다. 이 그래프 안의 어떤 위치이든 간에 있을 곳을 선택할 수 있는 소재이다. 앞으로 1.7GPa급 열간성형 강재와 경쟁을 벌이게 될까.

CFRP(탄소섬유 강화수지)의 진면목은 그야말로 이 영역이라 할 수 있다. 형태의 형상을 따라 CFRP를 가공하는 오토클레이브(Autoclave) 제조법으로 만들면, 엄청난 강도와 믿을 수 없을 만큼 가벼운 성질을 충족시킬 수 있다. 단점이라면 아직까지 너무 비싸다는 점이다.

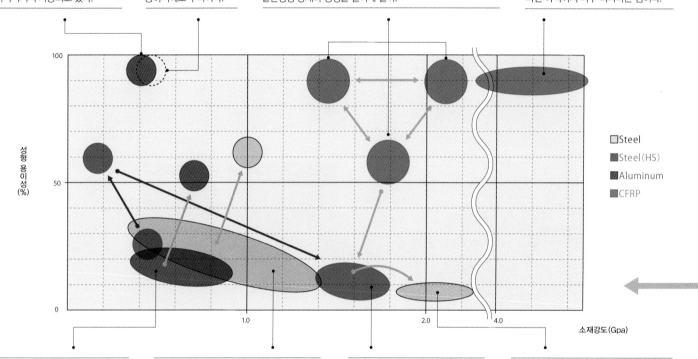

- Steel
- Steel(HS)
- Aluminum
- CFRP

소재강도(Gpa)

성형 용이성 (%)

알루미늄 합금 박판을 냉간 프레스 성형해서 사용하면 대략 이 정도에 위치할 것이다. 그런데 열간 프레스 성형이라는 방법이 있다. 알루미늄 판을 가열하면 성형은 훨씬 쉬워진다. 가열할 설비와 가열시간이 필요하지만 냉간 프레스 성형과는 다른 용도가 열릴 것이다.

현재 자동차 보디에 사용되는 강판은 인장강도에 있어서 270MPa(메가 파스칼)부터 1.5GPa(기가 파스칼), 즉 1500MPa 부근까지이기 때문에 폭이 넓다. 종류별 강판도 성형성이 양호한 순서대로 나열하면 IF강, 연강, BH(Bake Hard)강, TRIP강, DP(Dual Phase)강 등 다양하다. 이런 다양성이 강이 갖고 있는 장점이다.

열간성형(Hot Stamping=HS) 도입에 따라 440MPa급 강도를 가진 강판이 1.5GPa급 초고장력 강이 된다. 적색 화살표시가 그 변천의 진행 과정이다. 심지어 2GPa급으로 발전할 가능성도 있어서 고강도 강판의 진화는 아직도 진행형이다.

「강도만 있으면 된다」고 한다면 현재의 기술은 3GPa 영역도 가능하다. 하지만 큰 충격이 가해지면 깨지고 만다. 「CFRP도 깨지는데…」하고 생각하지만, 보디 소재의 「헌법」을 만들어 온 강재에 「파괴」는 허용되지 않는다. 이제 와서 보면 강재가 짊어진 불리한 조건이라고도 할 수 있다.

가볍고 튼튼한 보디 만들기 – 무엇을 위한 다중 소재인가를 따지자면 당연히 첫 번째는 「경량화」이다. 단, 제조비용은 최대한 낮춰야 한다. 똑같은 기능·성능을 얻을 수 있는 소재가 몇 가지나 된다면 싼 쪽을 선택하는 것이 일반적이다. 다만 성형성과 제조방법에 독자적인 노하우가 있고 그로 인해 소재 단가의 상승분만큼 흡수할 수 있다면 「비싸고 이미지가 좋은 쪽을 선택」하는 경우도 있을 수 있다.

위 그래프에서는 「성형의 용이성」에 주목해주길 바란다. 필자의 생각이 약간 들어가기는 했지만 한 가지 기준으로는 살펴볼 만하다. 강, 알루미늄, CFRP를 구태여 가로로 늘여놓고 비교한다면 대략 이런 배치가 될 것이라 생각한다. CFRP는 틀에 CFRP 시트를 붙인다는 전제 하에서는 성형성이 매우 양호하다. 마찬가지로 조각난 단섬유를 수지에 섞어서 금형으로 성형한다 하더라도 최소한 50% 이상의 성형성, 즉「최소 목표의 반정도는 OK」수준이 될 것이다. 그런 의미에서는 성형의 유연성이 뛰어나다. 단섬유로 사용하는 경우는 가장 강도가 낮은 부분에 ●을 표시해 두

어야 할지도 모르지만 거기도 상당한 자유도가 있다. 3개의 ●로 나타내는 삼각형 전체를 왼쪽으로 치우치게 하는 것도 가능할 것이다. 한편 알루미늄은 강과 똑같은 두께로 생각했을 때는 강도가 약간 부족한 편이다. 하지만 두께를 확보하면 강성을 높게 해서 사용할 수 있다. 더불어서 알루미늄의 열간성형에는 상당한 장래성이 있다고도 생각한다.

만약 이 그래프가 완전 방향을 잘못 잡고 있다면 힐난 받을 각오는 되어 있다. 필자가 모르는 세계는 아직도 많을 것이기 때문에 그럴 때는 그래프를 개정하도록 하겠다. 본 특집의 타이틀에는 「최종 전쟁」이라는 단어를 사용했는데, 각 진영에서는 갖고 있는 총력을 기울여 보디 소재에 관한 점유율 전쟁을 되풀이 할 것이 틀림없다는 생각을 반영한 단어이다. 그리고 전쟁 후에 화해가 찾아온다면 강과 알루미늄, 알루미늄과 CFRP 또는 3자 모두가 서로 협력해서 자동차 보디를 형성하는 시대가 오지 않을까 하는 생각이다. 현재 상태에서는 하이브리드 보디를 말하는 모습을 먼저 자동차 메이커가 인식해야 한다.

BMW i3의 방화벽을 차량 실내 쪽에서 찍은 모습. 충돌강도 대부분을 알루미늄 프레임이 담당하는 구조이기 때문에 CFPR 소재로 만들어진 캐빈은 상당히 간결한 구조이다. 동시에 일체성형에서 강점이 있는 CFRP의 특징을 살려 이음새가 적다. CFRP끼리 접한 면에서는 검은 구조 접착제를 확인할 수 있다.

Carbon Fiber

● 장섬유 또는 단섬유
● 열가소성 수지의 활용
● 제조방법의 개혁

BMW i3의 캐빈 앞쪽, 앞바퀴 바로 뒤에 장착되는 폴리카보네이트 계열의 임팩트 박스. 보디 전방에서 들어오는 충격 입력에 대해 대항력이 강한 허니콤(벌집) 구조이다. 이 부품이 견뎌낼 수 있는 충격 입력은 상당히 크다. CFRP뿐만 아니라 수지 전체로 봐도 i3는 독특하다.

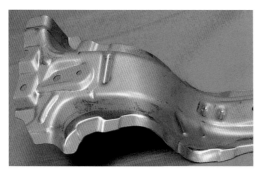

고강도의 고장력 강판인데도 이 정도까지 성형이 가능해졌다. 1.4GPa급(1470MPa) 냉간 프레스 대응 고장력 강판도 개발 중이다. 일반적으로 강재가 「오래된 재료」이고 CFRP가 「하이테크 소재」로 알고 있지만 그렇지 않다. 강재의 발전도 그야말로 하루하루가 다르다.

Steel

● 더욱 고강도로 진화
● 열이종소재와의 접합
● 가공방법의 개혁

티타늄 합금 프레임도 개발되고 있다. 성형이 어려울 때는 그것을 역으로 이용해 박판을 굴절가공만 해서 완성하는 것도 방법이다. 용접도 어렵기 때문에 접합은 리벳을 이용. 「현재 있는 것을 최대한 사용」한다는, 그야말로 유럽식 설계사상이다. 「부분보다 전체」를 보는 견본 같다.

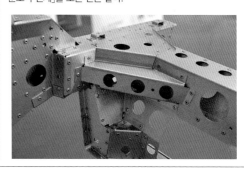

로터스 에보라의 알루미늄 프레임은 압출 소재와 박판을 조합해 구조 접착제와 SPR(SelfPiercing Rivet), 볼트로 체결하는 구조이다. 이 프레임 위에 배치하는 캐빈은 디자인을 자유롭게 바꿀 수 있다. 소량 생산 차량을 유지할 수 있는 방법 가운데 하나이고, 실제로 에보라의 중량은 가볍다.

이것도 BMW i3이다. 알루미늄을 주조해 강도 부자재를 만드는 시도는 아우디나 재규어가 이미 실적을 쌓아왔다. 가벼운 CFRP 보디와 알루미늄 주물&박판 섀시가 가능하기 때문에 CFRP 일부를 강재로 바꾸는 복합 소재화도 멀지 않았다. 최초로 실행한 곳은 어디일까.

Aluminum

● 열간성형의 이용
● 이종소재와의 접합
● 전위차 부식대책

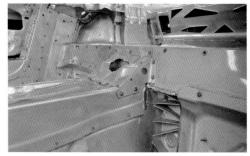

2000년대 초기의 메르세데스 벤츠 SLR 알루미늄 보디는 박판/압출 소재/주물이 사용되었다. 체결은 SPR, 전위차 부식을 적용한 볼트, MIG용접, 구조 접착제로 다양하게 사용한다. 이 한 장의 사진 안에서 모든 것을 볼 수 있다. 「비싼 자동차이기 때문」은 아닌 것이다.

Mersedes-Benz
C Class
[메르세데스 벤츠 C클래스]

| Steel | Aluminum | CFRP | Plastic |

알루미늄 외판에 초고장력강의 골격

C클래스의 보디 인 화이트(부품을전부제거한순수한보디) 무게는 문짝 등과 같은 덮개를 포함해도 세단 같은 경우는 326kg 이 가운데 74·4%가 강, 24·8%가 알루미늄 합금, 수지0·8% 구성되어 있다. 결국 C클래스도 복합 소재인 것이다.

본문：마키노 시게오 수치：다임러

2013년 가을에 판매된 메르세데스 벤츠 S클래스(BR222형)는 차량중량 2t급에서 지금 생각할 수 있는 선에서는 최대한의 복합 소재화를 단행한 보디였다. BIW(Body In White=모든 부품을 제거해 보디 골격만 남겨둔 상태. 문짝 등과 같은 덮개를 포함할지 여부는 메이커에 따라 다르다) 상태에서 강 64.5%, 알루미늄 합금 32.5%, 수지(FRP) 3%라는 중량비율을 나타냈다. BIW 중량은 덮개 종류를 포함했을 때 435kg, 덮개를 빼면 362kg으로 경량 보디이다.

역대 S클래스를 봐도 1998년의 BR220형에서 BIW 알루미늄 중량비율이 8.6%였던 것이 05년의 선대 BR211형에서는 20.1%로 올라갔고, 최신형에서는 32.5%로 비약적인 향상을 이루었다. 그리고 13년 차량중량 1.5t급의 C클래스도 복합 소재화로 방향을 틀었다. BIW에서의 알루미늄 합금비율은 24.8%이다. 이후 A클래스와 B클래스 보디가 어떻게 바뀔지 승용차 계통의 전체 라인업이 복합 소재화가 될지 여부는 차세대 차량이 등장하기를 기다리는 수밖에 없지만 현 시점에서의 다임러는 그야말로 하이브리드 보디에 매진하고 있다.

C클래스의 외판은 보닛 후드, 프런트 펜더, 사이드 도어, 트렁크 리드가 알루미늄이다. 외부에 노출되는 강판 부분은 루프에서 리어 쿼터 패널까지 정도이다. 골격부분에서는 큰 하중을 부담하는 앞뒤 서스펜션의 댐퍼 마운트(펜더에이프런 패널) 부분과 뒤쪽의 좌우 휠 하우스 사이에 있는 바닥 면의 보강, 그 휠 하우스 주변의 보강재도 알루미늄이다. 당연히 강과 알루미늄의 접합이 필요하다. 11년에 등장한 현행 SL에 처음으로 적용된 「ImpAct」라고 불리는 32m/초에서의 고속 리벳접합을 비롯해, MIG용접, FSW(마찰 교반접합), 구조 접착제, SPR(SelfPiercing Rivet), 메커니컬 린치 등 다채롭게 사용된다. 충돌 내구성능에서는 대시 패널(엔진 컴파트먼트와 차량 실내를 나누는 격벽)의 터널 부분과 카울 톱, 프런트 사이드 멤버가 바닥 아래로 들어가는 부분 그리고 스티어링 포스트 앞면 4군데에 열간성형(핫 스탬핑) 소재를 사용한다. 차체 앞쪽에서 들어오는 충돌 입력을 다른 방향으로 분산시키는 멀티 로드 패스 방법도 더 발전시켜 알루미늄 주물로 된 댐퍼 마운트 부분부터 비스듬한 방향의 지주(경사지주)를 카울 톱으로 뻗어나가게 함으로서 각도가 있는 옵셋 충돌

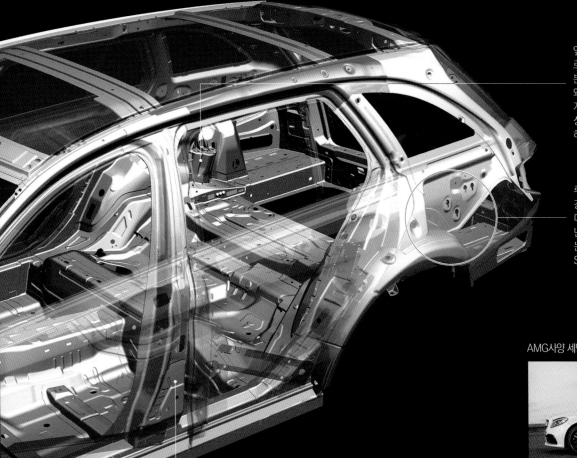

앞뒤 서스펜션의 댐퍼 마운트 부분은 알루미늄 주물로 만들어져 있다. 동시에 앞뒤 모두 좌우 마운트 부분을 알루미늄 소재로 연결하고 있다. 이 구조는 특히 왜건 보디에서 큰 장점으로 작용한다. 보디 후방 끝의 개구부가 크고 캐빈 용적도 큰 왜건은 세단에 비해 강성측면에서는 압도적으로 불리하지만, 이 구조를 통해 상당히 보완되었다.

루프 사이드 레일과 이 리어 쿼터 부분만 보디 표면에 강판이 노출되는 부위이다. 프런트 펜더 표피는 알루미늄 소재이고 도어도 알루미늄이다. 물론 도장이 끝난 보디에서는 소재 차이 등은 전혀 알 수 없다. 외피는 6,000계열의 알루미늄으로, 12년의 SL과 13년의 S클래스 기술이 이전된 것이다.

AMG사양 세단의 측면 모습

왜건의 측면 모습

B필러는 실내 쪽이 인장강도 1.0GPa급의 DP(Dual Phase) 강을, 바깥쪽은 1.3GPa 이상의 열간성형 소재를 위에서부터 3분의 2까지 범위에 사용하고, 토대 쪽 3분의 1은 안쪽과 똑같은 소재이다. 측면충돌 때 이 부위에서 B필러가 휘어지기 때문에 B필러 토대의 단면형상은 차량실내 쪽이 깊게 파인 「ㄷ」자 형태를 하고 있다.

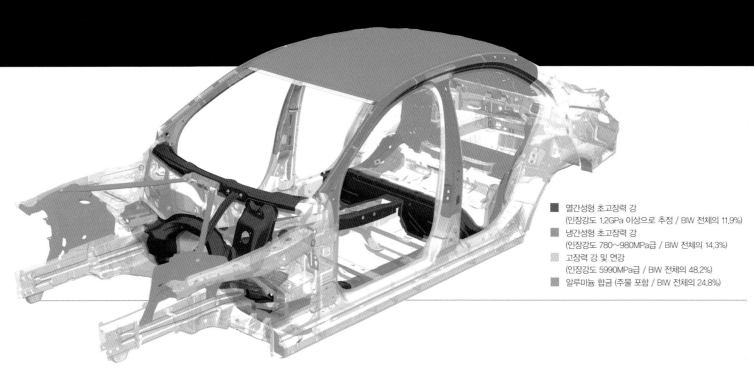

■ 열간성형 초고장력 강
　(인장강도 1.2GPa 이상으로 추정 / BIW 전체의 11.9%)
■ 냉간성형 초고장력 강
　(인장강도 780~980MPa급 / BIW 전체의 14.3%)
■ 고장력 강 및 연강
　(인장강도 5990MPa급 / BIW 전체의 48.2%)
■ 알루미늄 합금 (주물 포함 / BIW 전체의 24.8%)

파워트레인 주변

펜더 에이프런 패널(댐퍼 마운트) 부분의 접합

앞뒤 모두 댐퍼 마운트 부분은 알루미늄 주물로서 전방은 강재의 프런트 사이드 멤버에, 후방은 바닥면을 횡단하는 알루미늄 멤버에 각각 구조 접착제와 SRP(셀프 피어싱 리벳)으로 접합되어 있다. 전체적으로 강재보다 11.8kg이 가벼워졌다고 한다.

보닛의 잠금쇠는 좌우 1군데씩 2개. 볼트로 체결되지만 볼트에는 전위차 부식방지 코팅이 되어 있다.

보닛 후드의 힌지 등 보이지 않는 부분의 마무리에도 신경을 많이 썼다. 알루미늄 제품이기 때문에 보닛 중량이 가벼워 좌우 보닛 댐퍼도 부드럽게 움직인다. 이런 부분은 S클래스와 비교해도 다른 것이 하나도 없다.

라디에이터 서포트는 수지 제품. 앞쪽 끝으로 내려와 있는 것은 가능한 가볍게 하려는 발상 때문이다. 이 위로 프런트 엔드의 원형 구조를 형성하는 충돌 내구 부자재가 위치한다. 그렇다 치더라도 엔진 컴파트먼트 내의 열관리가 큰 일일 것 같다.

프런트 사이드 멤버는 강재 제품. 그 위의 알루미늄 주물 제품 댐퍼 마운트 부분과 접합하는 부분에서 구조 접착제가 삐져나와 있는 것을 알 수 있다. 접착제를 실러(sealer)로도 사용하고 있는 것 같다. 그리고 사이드 실 앞쪽 끝 형상도 눈길이 간다.

알루미늄 제품의 루프 패널은 판 두께가 1.15mm. 로봇이 이것을 잡고 자동으로 보디 쪽에 위치를 잡은 다음 접합까지 한다. 당연히 왜건용 루프를 잡는 지그는 따로 준비되어 있어서 구분해서 사용한다. 응축된 설비이다.

정확히 원으로 표시된 2군데에 수지제품의 스페이서가 들어가고 그곳에 볼트 구멍이 뚫려 있다. 루프 접합은 「접착」으로 쓰여 있지만 이 구멍은 「스크루용」이라고 설명되어 있다. 용접 부류는 사용하지 않는 것 같다….

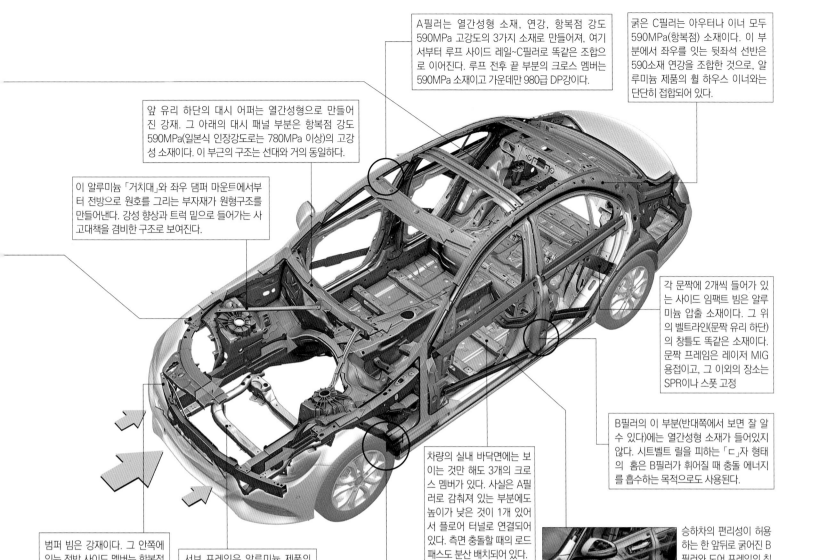

A필러는 열간성형 소재, 연강, 항복점 강도 590MPa 고강도의 3가지 소재로 만들어져, 여기서부터 루프 사이드 레일~C필러로 똑같은 조합으로 이어진다. 루프 전후 끝 부분의 크로스 멤버는 590MPa 소재이고 가운데만 980급 DP강이다.

굵은 C필러는 아우터나 이너 모두 590MPa(항복점) 소재이다. 이 부분에서 좌우를 잇는 뒷좌석 선반은 590소재 연강을 조합한 것으로, 알루미늄 제품의 휠 하우스 이너와는 단단히 접합되어 있다.

앞 유리 하단의 대시 어퍼는 열간성형으로 만들어진 강재. 그 아래의 대시 패널 부분은 항복점 강도 590MPa(일본식 인장강도로는 780MPa 이상)의 고강성 소재이다. 이 부근의 구조는 선대와 거의 동일하다.

이 알루미늄 「거치대」와 좌우 댐퍼 마운트에서부터 전방으로 원호를 그리는 부자재가 원형구조를 만들어낸다. 강성 향상과 트럭 밑으로 들어가는 사고대책을 겸비한 구조로 보여진다.

각 문짝에 2개씩 들어가 있는 사이드 임팩트 빔은 알루미늄 압출 소재이다. 그 위의 벨트라인(문짝 유리 하단)의 창틀도 똑같은 소재이다. 문짝 프레임은 레이저 MIG 용접이고, 그 이외의 장소는 SPR이나 스폿 고정

B필러의 이 부분(반대쪽에서 보면 잘 알수 있다)에는 열간성형 소재가 들어있지 않다. 시트벨트 릴을 피하는 「ㄷ」자 형태의 홈은 B필러가 휘어질 때 충돌 에너지를 흡수하는 목적으로도 사용된다.

차량의 실내 바닥면에는 보이는 것만 해도 3개의 크로스 멤버가 있다. 사실은 A필러로 감춰져 있는 부분에도 높이가 낮은 것이 1개 있어서 플로어 터널로 연결되어 있다. 측면 충돌할 때의 로드 패스도 분산 배치되어 있다.

승하차의 편리성이 허용하는 한 앞뒤로 굵어진 B필러와 도어 프레임의 침입방지 구조. 이런 구조를 만들기 위해서도 프레임 중량을 최대한 줄이고 싶었을 것이다. 전체가 알루미늄인 문짝에도 그런 의미가 있을 것이다.

범퍼 빔은 강재이다. 그 안쪽에 있는 전방 사이드 멤버는 항복점 강도로 590MPa급의 고강도 소재. 그 사이에 알루미늄 제품의 크러시 박스가 배치되어 서로 볼트로 연결되어 있다. 호환성을 우선시한 설계로 추측된다.

서브 프레임은 알루미늄 제품의 폐단면 구조. 엔진형식에 따라 형상이 달라지는 것 같다. 이 앞쪽의 크로스 멤버에 EPS(전동 파워 스티어링) 랙이 장착된다. 보디와는 3군데에서 연결되어 있다.

사이드 실이 휠 하우스 안까지 돌출되어 있는데, 이것은 그 앞단에서 스몰 옵셋 시의 타이어 후퇴를 제어하겠다는 설계 때문이다. 그리고 사이드 실과 전방 사이드 멤버를 잇는 폐단면 박스가 대시 패널 직전에 있다.

에 대한 대책을 세웠다. 측면 충돌 대책에서는 B필러 토대와 앞좌석 아래 쪽 2개의 크로스멤버와 더불어, 센터 터널에 직각으로 교차하는 높이가 낮은 크로스 멤버(일러스트에는 보이지 않는다)를 앞좌석 아래쪽 앞의 프런트 사이드 멤버 위치까지 새로 설치했다. 선대에서는 TRB 소재를 바닥에 비스듬하게 뻗어나가게 했지반 이것은 없었다.

세단과 왜건 보디는 엔진 컴파트먼트, 캐빈 플로어, 리어 플로어까지 거의 똑같다. 부분적으로 플랜지 치수만 다를 뿐이다. 왜건의 경우 루프 쪽은 B필러보다 뒤쪽의 루프 사이드 레일 안을 철저히 보강해 루프 후단에서 리어 범퍼까지의 면이 큰 환상구조를 하고 있다. 보디 강성 측면에서는 왜건이 압도적으로 불리하지만, 골격만 놓고 보면 생각할 수 있는 최대한의 강성을 확보한 것으로 여겨진다. 덧붙이자면 세단의 정적 비틀림 강성은 28.8Nm/deg로 재규어 F타입보다 뒤지지만, 동적 비틀림 강성은 56.0Hz로 상당히 높은 수준에 있다. 알루미늄 내역은 6,000계열의 박판이 가장 많고, 보디 외판의 전부에 사용된다. BIW에서 차지하는 비율도 13.1%나 될 정도로 높다. 측면 도어의 프레임

이나 보닛 후드 안쪽에는 5,000계열의 압출 소재가 사용되며, 알루미늄 주물의 BIW 비율도 6.5%에 달한다. 중량대비이기 때문에 이 정도 비율이 된다고 할 수도 있지만 사용부위 면적에서 역산하면 충분한 판압(板壓) 주물이라는 것을 상상할 수 있다. 4장의 도어 내부에 들어있는 사이드 임팩트 빔은 강도가 있는 압출 소재이다. 심지어 앞바퀴의 좌우 휠 아치 안에는 A필러 토대 위치에 세로방향(차량중심선과 평행)의 능선이 10개나 되는 알루미늄 임팩트 박스가 있다. 스몰 옵셋에 대한 대책일 것이다.

S클래스, E클래스, C클래스를 같이 생산하고 있다는 것을 전제로 생각하면, 다임러의 복합소재 전략은 그야말로 기업전략이다. 일본의 자동차 메이커에서는 곧 잘 「보디 자체에는 상품력이 없다」고들 하지만, 주행 1km당 CO_2 배출 규제가 점점 심해지는 유럽에서는 특히 다임러처럼 중량급 차량이 많은 메이커에서는 가볍고 튼튼한 보디가 최종적으로는 상품력이 된다는 판단일 것이다. 그리고 무엇보다 메르세데스 벤츠라고 하는 브랜드는 다소의 지출을 용납할 수 있을 만큼 힘을 갖고 있다.

초대부터 2세대로.

진화한 ASF는 CFRP를 사용한다.

ASF로 알루미늄 보디를 리드해 온 아우디가
"복합소재 ASF"로 진화했다.
알루미늄과 CFRP로 이루어진 하이브리드 보디이다.
본문 : MFi 수치 : 아우디

AUDI R8 [아우디 R8]

Steel	Aluminum	CFRP	Plastic

case 2

Illustration Feature
HYBRID BODY

아우디가 올 알루미늄 보디인 A8을 발표한 것이 1994년. 이후 20년 동안 알루미늄을 활용하는 기술에 있어서는 아우디가 항상 한 발 앞서 나갔다. ASF(Audi Space Frame)이라고 부르는 알루미늄 보디 구조는 골격부분을 알루미늄 압출 소재로 만들고 거기에 외판을 붙이는 식의 구조이다. 자동차 외관을 선으로 덧씌우듯이 골격을 배치해 가로세로로 멤버와 더불어 케이지(우리)를 구성했다. 접합기술도 저항 스폿이 아니라 SPR(SelfPiercing Rivet)이나 레이저 용접, 미그의 선용접을 사용했다.

2006

The FIRST
Audi R8

올 알루미늄 ASF

2006 2015
···· CFRP
···· Al주조 소재
···· Al압출 소재
···· Al패널 소재
···· Mg(마그네슘합금)

2015

The 2nd
Audi R8 쿠페

복합 소재 ASF

신형은 올 알루미늄 ASF에서 복합 소재 ASF로 진화했지만, 언뜻 보면 구형 R8의 B필러, 센터 터널, 후방 벌크 헤드를 CFRP 제품으로만 교환한 것처럼 보인다. 하지만 아우디는 복합 소재로 진화시킴으로서 콘셉트도 새롭게 했다고 한다. 보디 셀 무게는 200kg. 알루미늄 압출소재로 골격을 짠 것은 똑같지만 구형에서는 약간만 사용했던 알루미늄 주물을 보디의 전방 & 후방 섹션의 프레임 워크 접합부에 사용했다. 아우터 패널은 모두 알루미늄 합금. 옵션으로 클리어 코트 CFRP 패널도 설정하고 있다.

그런 아우디가 2006년에 발표한 것이 V8엔진을 미드십에 얹고 4륜구동이 콰트로 시스템을 딥재한 슈퍼 카 R8이다. R8은 대부분의 골격을 압출 소재로 구성하고 있었다. 그래도 아우디가 지향했던 것은 "올 알루미늄인 ASF"였다.

21세기에 들어와 스틸이나 복합 소재가 개량되면서 아우디도 알루미늄 방향을 수정해 왔다. A8에서는 B필러에 고장력 강판을 사용했다. 그런 흐름 속에서 등장한 것이 신형 R8이다. 신형은 아우디 자체적으로 「복합 소재 ASF」라고 부르는 보디 구조를 채택한다. 여기서 말하는 복합이란 의미는 「알루미늄+CFRP」이다. 미드십 슈퍼 카로서 더 가볍게 하기보다 고강성 보디로 만들기 위해 CFRP를 적용하는 것은 필연이었다. 모터 스포츠 현장에서의 실험을 바탕으로 산하의 람보르기니에서 축적한 CFRP 노하우도 R8에 투입된 것으로 추측할 수 있다.

신형 R8의 건조 중량은 구형과 비교해 50kg이 가벼워진 1454kg. 5.2리터·V10 엔진을 탑재한 4WD치고는 경이적으로 가볍다고 할 수 있을 것이다.

초대와 비교해 가장 달라진 점은 B필러와 센터 터널, 후방 벌크 헤드에 CFRP를 사용하고 있다는 점이다. 신형 보디 셀(Bodyshell)의 무게는 구형보다 15%나 가벼워졌다고 한다. 그렇게 가벼워진 중량이 불과 200kg. 동시에 정적 비틀림 강성은 대략 40%나 향상되었다.

알루미늄과 CFRP로 된 하이브리드 보디라면 다른 곳의 사례도 있지만 이 R8처럼 구성된 알루미늄+CFRP 하이브리드 보디는 다른 사례가 없다. 아우디는 이 R8으로 ASF를 또 한 번 진화시킨 것이다.

알루미늄+고강력 강판 또는 알루미늄+CFRP. 아우디가 말하는 복합재료 ASF는 그야말로 새로운 개념의 보디인 것이다.

기초 소재 & 기술 트렌드

알루미늄 합금

—— Aluminium Alloy ——

소재의 특성이나 성형 및 접합, 더욱더 다품종으로

순 알루미늄에서 초두랄루민까지 알루미늄을 주성분으로 하는 합금은 풍부한 품종을 자랑한다.
30년 전에 혼다가 초대 NSX 개발에 착수했을 당시와 비교하면 모든 것이 격세지감이 느껴질 정도
로 진화하고 있다.
본문 : 마키노 시게오   수치 : 혼다 / 재규어 랜드로버 / UACJ / 마키노 시게오 / 야마가미 히로야

알루미늄 합금의 종류와 특징

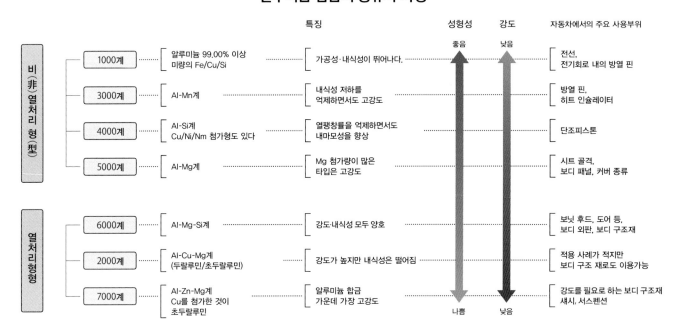

재료	비중	종탄성계수(GPa)	융점(℃)	도전율(%IACS)	열전도도 kW/S·mK(20℃)	선팽창계수 10-6/℃(20℃)
순알루미늄	2.71	68	646–657	57	0.22	23.6
철	7.65	192	약 1530	16	0.07	11.7

보크사이트를 정련해서 만드는 알루미늄은 그대로는 강도가 약하다. 그런데 미량의 원소를 첨가하면 성질이 바뀐다. 예를 들면 1085번으로 불리는 순도 99.85%의 알루미늄(Al) 합금은 나머지 1.15% 안에 철(Fe)이나 규소(Si) 등과 같은 미량의 불순물이 포함되어 있다. 여기에 망간(Mn), 마그네슘(Mg), 아연(Zn) 등을 단독 혹은 조합해서 첨가하면 소재로서의 성질이 바뀐다. 지구의 지표나 지각에 풍부하게 분포되어 있는 철과 알루미늄은 다른 원소와의 친화성이 뛰어나다. 마치 향신료처럼 다른 원소에 녹아들어가 성질을 바꾸는 것이다. 어떤 원소를 첨가하느냐는 오랫동안에 걸쳐 인류가 계속해서 연구해 왔다. 아마 미래에도 새로운 발견이 있을 것이다. 알루미늄에는 아직도 우리가 모르는 「활용법」이 있을 것이라고 생각한다.
자동차 보디에 알루미늄을 이용한 사례로는 혼다의 초대 NSX가 인상

적이었다. BIW(Body In White=모든 부품을 제거한 상태의 보디)만의 중량이 불과 210kg으로, 만약 이 정도의 보디를 철로 만들었다면 「400kg을 약간 웃돌 것」이라고 당시 담당자는 말했었다. 보디에는 주로 5,000계와 6,000계 알루미늄 합금이 사용되었는데, 특히 강도가 필요한 부위에는 두랄루민도 사용되었다.
1980년대에는 알루미늄 보디연구 제1기에 해당하던 시기로서 90년대에 들어오면 아우디 A8, 나중에 A2까지 또한 2000년대에 재규어 XJ 등 몇몇 올 알루미늄 보디 자동차가 등장하게 된다. 아우디는 알루미늄으로 스페이스 프레임을 만들고 거기에 알루미늄 외판을 붙이는 방법, 재규어는 통상적인 모노코크 보디를 알루미늄화 하는 방법을 채택했다. 양사 모두 박판, 압출소재, 주조부품을 조합했는데 그 사용법에는 양사의 특징이 있었다. 재규어는 강도가 필요한 범퍼 빔 등에는

현재 시점에서 당시의 알루미늄 보디를 보면 강재 보디의 특성에 근접시키기 위한 노력이 느껴진다. 강도를 얻기 위해 일부에 Cu(동)을 함유한 두랄루민계 소재를 사용하기도 했다.

서스펜션은 단조 알루미늄 합금으로 구성했고, 댐퍼의 톱 마운트 부분도 알루미늄 제품이었다. 노면반력을 직접 받는 부위에 알루미늄을 적용하는 것은 큰 도전이었다.

◁ **1991**

HONDA NSX

85년에 혼다가 올 알루미늄 보디를 개발하기로 결정했을 때의 파트너는 스카이 알루미늄(나중의 후루카와스카이, 현 UACU)였다. 강재 보디에 대한 노하우를 알루미늄에 반영해 강과 비슷한 파괴특성과 수리성을 갖게 하는 것이 개발에 있어서의 가장 큰 주안점이었다. 91년에 발매된 NSX는 당시로서는 획기적인 올 알루미늄 모노코크 보디를 하고 있었다.

포드 산하 시절에 재규어·랜드로버는 알코아를 파트너로 삼아 알루미늄 보디 연구를 진행했다. 현재는 전체 라인업의 올 알루미늄 모노코크화를 진행 중이다. 중량급 SUV를 알루미늄 합금으로 제조하기 위한 노하우가 하루아침에 얻어지는 것이 아니다. 강을 알루미늄으로 대체하는 것이 아니라 「알루미늄을 전제한 보디 설계」를 확립해 왔다.

2013

RANGE ROVER SPORTS

▽

진공 주물형으로 주조된 댐퍼 마운트 부분. 03년에 재규어 XJ가 올 알루미늄화 되었던 시점부터 강성이 필요한 부위에는 주물을 사용해 왔다. 잘 보면 몇 군데에 정밀 주조한 주물을 사용하고 있다.

사이드 실은 2중 폐단면 구조로서 MIG용접도 사용한 것 같다. 골격부분에는 압출 소재도 사용되었으며, 접합은 SPR(셀프 피어싱 리벳)뿐만 아니라 구조 접착제, 레이저, 메커니컬 클린치 등 다방면에 걸쳐 있다.

전방 사이드 멤버는 축 방향의 압축력에 뛰어난 소재로서 그 아래에 있는 서브 프레임과의 2단 구조를 통해 충돌의 충격을 흡수하는 구조이다. 이 상태에서는 알 수 없지만 폐단면 내부도 세세하게 계산되었다.

7,000계의 두랄루민을 사용했다. 덧붙이면 4지리로 표현되는 알루미늄 합금의 「번호」는 세계적으로 AA규격으로 통일되었으며, KS규격도 이를 따르고 있다.

근래의 이보크는 랜드로버가 올 알루미늄 보디의 SUV를 세상에 내보낸 것이다. 묵직한 대형 타이어를 장착하고 차량중량 2t이 넘는 SUV를 알루미늄화 하는 등 예전에는 생각조차 못했던 일이다. 이것은 단순히 강으로 만든 보디 구조를 알루미늄으로 교체한 것뿐만 아니라 「알루미늄이기 때문에」가능한 설계방법을 확립시켰다는 것을 이야기한다. 무엇보다 현재 상태에서 올 알루미늄 보디 모델은 어떤 것이든 고가이다.

현재의 경향은 보닛 후드, 도어, 루프 등과 같이 소위 「덮개」종류를 5,000계, 6,000계 알루미늄 박판으로 만드는 것이다. 보디 골격을 알루미늄으로 만드는 겅우는 6,000계를 사용하는 경우가 많지만 포드의 풀 사이즈 픽업트럭인 F150 시리즈는 강도가 요구되는 부분에는 7,000계를 사용하고 있다. 소재의 선택에는 많은 선택지가 있기 때문에 거기서 자동차 메이커의 생각을 엿볼 수 있기도 하다.

08년 가을의 리먼 쇼크로 인해 일시적으로 적극적인 알루미늄 활용 기운이 꺾이긴 했지만 현재는 다시 구미에서 알루미늄으로 바꾸려는 노력이 활발해지고 있다. 그렇다면 일본은 어떨까.

현재 일본의 알루미늄 산업에 있어서 최대기업은 UACJ이다. 후루카와스카이와 스미토모경금속이 합병하면서 세계적으로도 경쟁력을 갖춘 UACJ가 탄생한 것이 2013년. 과거에는 양사 모두 자동차 분야를 개척하기 위한 연구개발을 계속해 왔던 만큼 상품 종류가 상당히 풍부하다.

INSIDE

OUTSIDE

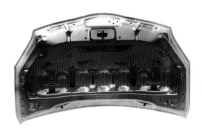

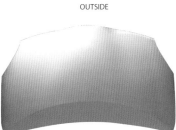

알루미늄 보닛은 다양한 모델에 적용되고 있다. 사진은 도요타의「프리우스」용으로 6,000계를 프레스 성형한 것이다. 미세한 곡선과 엠블럼이 들어가는 부분의 엣지 등도 멋지게 성형되었지만 그 이상으로 극소 곡률로 180도로 굽혀서 가공한 아우터와 이너의 접합부분에 눈길이 간다. 제조과정 제어를 통해 조직을 바꿈으로서 굽힘가공에서도 갈라지지 않는 소재를 개발했다.

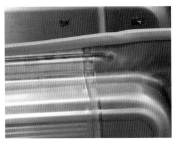

조성(助成)과 판 두께가 다른 알루미늄 소재의 테일러드 블랭크로 가공된 도어 이너. 접합은 FSW(마찰 교반 접합)이다. 알루미늄 FSW는 신간선 차량 등에서는 극히 당연하게 사용되고 있지만 자동차용 박판에서의 응용개발도 확립되어 왔다. 고속으로 회전하는 핀으로 모재끼리 교반시켜 접합한다.

이 페이지에서 소개하는 UACJ의 자동차를 향한 솔루션은 일본이 1930년대에 개발한 모노코크 구조 항공기용의 초(超)두랄루민에 뿌리를 두고 있다고 할 수 있다. 사진 속 모형은 영(제로)식 전투기, 이른바「제로센」이다.

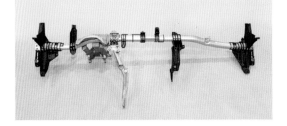

UACJ를 방문해 일본 자동차에 있어서의 알루미늄 소재의 특징을 물었더니「합금성분 개조에 힘쓰고 있다」는 대답이 돌아왔다. 매우 좁은 영역을 겨냥한 개조와 이를 통한 완전한 최적화라는 경향은 강재에서도 느낄 수 있는 것이 일본의 특징이기는 하지만 알루미늄도「개조를 통해 사용조건에 최적인 제품을 갖출 수 있다」고 한다.「예를 들어 강도를 확보하려고 하면 성형성이 힘들어지거나 내식성이 희생되기도 한다. 내식성 향상을 노리고 특수 열처리를 하게 되면 이번에는 잘 늘어나지가 않아 성형성에 영향을 주게 되죠. 필연적으로 이율배반적이 되는 것이다. 이런 균형에 대한 세밀한 개조를 오랫동안 해 왔다. 자동차용으로 사용할 수 있는 합금 첨가물은 거의 정해져 있다. 미세한 첨가량의 균형을 맞추는데 주력하는 것이 도움이 된다」

한편 현재는 복합소재화 하려는 움직임이 활발해지고 있다. 그런 속에서 알루미늄 기술이 갖고 있는 포인트는「접합」이라고 한다.「강과 알루미늄의 이종접합은 꽤나 실적을 쌓았다. 알루미늄과 CFRP를 접합하는 경우에도 대응해야겠다. 강과 알루미늄이든 또는 CFRP와 알루미늄이든 항상 알루미늄 쪽이 애노드(Anode)가 되면서 녹이 발생한다. 기본적으로 물이 들어가지 않으면 되기 때문에 구조나 밀봉으로도 대응할 수 있지만 체결과 전위차 부식은 별도의 기술이기 때문에 양쪽을 정확하게 파악하여야 하며 복합소재화는 필수이다」

UACJ가 개발한 접합기술을 몇 가지 보여주었다. 인상적인 것은 복동식 FSW(마찰 교반 접합)이다. FSW의 툴인 축에 미끄러지는 원통 형상의 가이드가 붙어 있다. 툴 끝부분의 철(凸)타입 형상의 스크루를 회전시키면서 모재(母材)에 끼워 넣어 접합하는 방법은 동일하지만 이 스크루를 빼기 전에 가이드가 접합면까지 내려가 스크루를 먼저 격납하

MIG용접

메커니컬 클런치

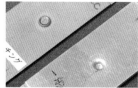

셀프 피어싱 리벳

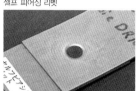

복동식 FSW

← 소재개발과 병행해 접합방법 개량과 개발도 진행하고 있다. MIG는 모재를 녹여 접합하는 방법. 메커니컬 클런치는 기계적으로 잡고서 「박아넣는」방법. 셀프 피어싱 리벳은 끝부분이 열려 있는 리벳을 박아넣는 방법. 눈길을 끄는 것은 UACJ 자체에서 개발한 복동식 FSW이다. 통상, FSW에서는 핀의 철(凸)부분을 빼낸 부분이 표면에 파여서 남게 되는데, 핀 자체에 절(凸)부분을 격납하는 기구를 넣음으로서 모재의 유동성을 이용해 구멍을 막는다.

← 경이적인 딥 드로잉 성형. 이것은 실험편이지만 1장짜리 판의 열간성형에서 200mm 정도의 드로잉을 해도 주름이 몰리거나 균열이 생기지 않는다. 엔진의 오일 팬을 한 번에 성형할 수 있다. 이것이야 말로 냉간가공에서는 불가능한 능력이다.

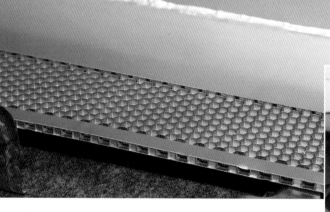

캐빈의 바닥재로 제안하고 있는 알루미늄 허니콤 소재. 놀랄 만큼 가볍다. 허니콤 코어의 사이즈(셀프사이즈)나 평면 판 두께 별로 많은 종류가 있다. 덧붙이자면 용도에 따라서는 한 쪽 변이 1mm밖에 안 되는 초소형 셀의 허니콤 소재도 있다.

프로필

미즈코시 히데오
주식회사 UACJ 기술개발연구소 연구기획업무부 연구기획실 주간

다나카 야스유키
주식회사 UACJ 기술개발연구소 제6연구부 가공기술개발실 주사

다나카 고지
주식회사 UACJ 기술개발연구소 제6연구부 가공기술개발실 주사

아사노 미네오
주식회사 UACJ 기술개발연구소 연구기획업무부 연구기획실 주사

우에노 세이조
주식회사 UACJ 기술개발연구소 제6연구부 가공기술개발실 실장

나노 레벨까지 제어하는 소재개발. 실험편은 X선 단층촬영이나 결정(結晶) 3차원 모델화 등의 방법으로 검증된다. 소재의 미세한 개조는 착실한 작업의 연속에서만 달성할 수 있는 것이다.

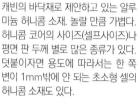

축력 피로 시험기. 강도는 시뮬레이션을 통해 상당히 정확하게 계산할 수 있지만 시뮬레이션 결과를 검증하기 위해서 최종적으로는 이와 같이 현물 테스트가 이루어진다. 서서히 힘을 걸어 잡아당기면 금속이라도 늘어나다가 찢어진다.

고 그 주위에 있는 유동형상의 모재가 구멍으로 흘러들어가 구멍을 막도록 고안한 것이다. 구멍이 남지 않는 만큼 이음새 강도나 피로 강도도 높을 뿐만 아니라 보기에도 좋다. 용도를 확대하는데 있어서 한 역할을 할 것으로 생각된다.

유럽에서는 CO_2 배출규제 강화가 계기가 되면서 알루미늄 사용이 추진되고 있다. 경량화는 남의 일같이 여겼던 미국에서도 CAFE(기업별 평균연비) 대응을 선점하려는 움직임이 있다. 일본은 전 세계 어디에서도 입수할 수 없을 만한 스펙의 강판을 싸게 입수할 수 있다. 강이 너무 과도하게 강해진 탓인지 알루미늄은 주목받지 못하고 있다.

「우리 입장에서는 양산차량에 알루미늄을 사용하길 원한다」라는 말은 UACJ의 어떤 엔지니어의 말이다. 차량평균 알루미늄 사용량은 늘고 있지만 그것은 엔진블록 등의 주물 쪽이고, 일본 차량에서 보면 보디

에 대한 적용 사례는 극히 제한적인 것이 현재의 상태이다.

개인적으로 생각되는 것은 강이든 알루미늄이든 냉간(冷間)에 집착하지 않으면 다양한 사용법이 생길 것이라는 점이다. 유럽의 자동차 메이커는 일본처럼 풍부하지 않은 강판의 종류를 보완하기 위해 열간성형에서 해법을 찾고 있다. 「가열을 하면 특성이 바뀐다」는 것은 알루미늄도 마찬가지이다. 이런 방향에서 UACJ는 첨가원소의 개조를 통해 냉간 프레스에서도 놀라울 정도로 딥 드로잉(Deep Drawing)이 가능한 소재를 개발하고 있다. 일본의 소재산업을 취재하다가 정말로 「안타깝다」고 생각하는 것은 개발을 해도 선반에 진열되기만 할 뿐이라는 점이다.

알파 4C는 CFRP 모노코크를 사용한 알파로메오 최초의 미드십 스포츠카이다. FF 줄리에타의 컴포넌트를 살려 엔진을 가로로 배치하는 미드십 레이아웃을 채택. CFRP 모노코크를 사용하는 스포츠카임에도 비교적 합리적인 가격으로 설정하고 있다.

4C의 CFRP는 람보르기니 아벤타도르나 포르쉐 917이 사용하고 있는 RTM이 아니라 더 시간과 비용이 들어가는 오토클레이브(Autoclave) 공법으로 만들어진다. CFRP 모노코크에 주목하기 쉽지만 개발 목표로 잡은 「파워 웨이트 레이쇼 4kg/ps 이하, 차량무게 1000kg 이하(건조 중량 950kg), 앞뒤 무게 배분 40:60」등을 실현하기 위해 4C는 그야말로 다양한 소재를 조합해 경량 스포츠카 보디 & 섀시를 만들어내고 있다. 스틸은 연강과 초고장력 강판 비율이 각각 2%에 불과하고 알루미늄은 주조와 6,000번 대의 판재와 압출소재 등을 이용하고 있다.

외판은 유리섬유강화 SMC를 사용한다. 이것은 1.45g/cm³ 의 저밀도 수지로서 알루미늄에 비해 총생산대수 5~7만대까지는 단가를 낮출 수 있다고 한다. 프런트 펜더는 RIMPUR(Reaction Injection Molding=반사 사출 성형 폴리우레탄)으로 만들어져 있다.

이종소재를 접합할 필요가 있기 때문에 접착선 길이가 소형차인데도 부룩하고 11,095mm나 된다. 이밖에도 나사, 볼트, 지퍼 등 다양한 접합 기술을 사용한다. 알루미늄 서브 프레임에서는 CMT(Cold Metal Transfer) 용접을 사용한다.

알루미늄 합금의 서브 프레임

실제 서브 프레임은 더 부품개수가 많지만, 사진 우측(차량 앞쪽)의 부품은 충돌했을 때 교환하는 것을 전제로 설계되어 있다. CFRP 모노코크와 알루미늄 서브 프레임은 전위차 부식을 막기 위해 사이에 접착제를 끼워 직접 접촉시키지 않고 볼트로 체결한다.

알루미늄 압출 소재의 단면형상

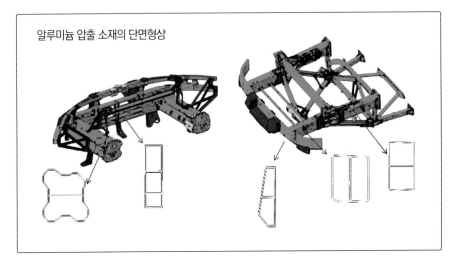

프런트(좌)와 리어(우)의 서브 프레임은 알루미늄 압출 소재에다가 단면형상도 충돌 흡수 구조, 엔진 서포트, 서스펜션 서포트 등 기능·부분에 따라 다르다. 용접은 CMT(콜드 메탈 트랜스퍼)를 통한 연속 와이어 프로세스를 적용.

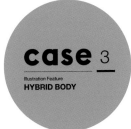

case 3

Illustration Feature
HYBRID BODY

ALFA 4C [알파 4C]

| Steel | Aluminum | CFRP | Plastic |

이종소재로 구성된 BIW는 불과 168kg
CFRP 모노코크는 65kg

알파의 소형 미드십 스포츠카인 알파 4C는 CFRP 모노코크를 사용하고 있다.
CFRP에 주목하기 쉽지만 실험 차량과 같이 다양한 소재를 조합한 하이브리드 보디가 4C의 특징이다.
본문 & 사진 : MFi 수치 : 알파로메오

각 소재의 무게 비교

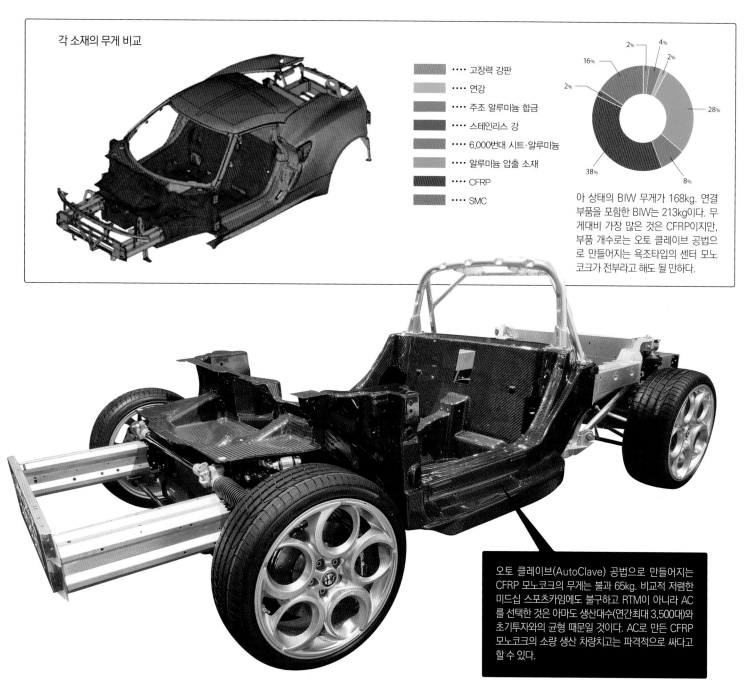

- ···· 고장력 강판
- ···· 연강
- ···· 주조 알루미늄 합금
- ···· 스테인리스 강
- ···· 6,000번대 시트·알루미늄
- ···· 알루미늄 압출 소재
- ···· CFRP
- ···· SMC

2% 4%
16% 2%
2%
28%
38% 8%

아 상태의 BIW 무게가 168kg. 연결 부품을 포함한 BIW는 213kg이다. 무게대비 가장 많은 것은 CFRP이지만, 부품 개수로는 오토 클레이브 공법으로 만들어지는 욕조타입의 센터 모노코크가 전부라고 해도 될 만하다.

오토 클레이브(AutoClave) 공법으로 만들어지는 CFRP 모노코크의 무게는 불과 65kg. 비교적 저렴한 미드십 스포츠카임에도 불구하고 RTM이 아니라 AC를 선택한 것은 아마도 생산대수(연간최대 3,500대)와 초기투자와의 균형 때문일 것이다. AC로 만든 CFRP 모노코크의 소량 생산 차량치고는 파격적으로 싸다고 할 수 있다.

오토 클레이브 공법이어서 가능한 아름다움

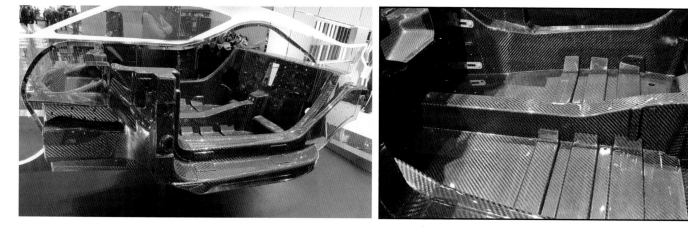

CFRP의 물적 특성에서는 역시나 오토클레이브가 가장 고성능이다. 또한 외관상의 아름다움도 성능 가운데 하나라고 할 수 있다. 욕조타입인 4C의 CFRP 모노코크는 이탈리아 나폴리의 아들러 플라스틱 회사가 생산한다. 이 회사에서는 6대의 모노코크를 넣을 수 있는 대형 오토클레이브를 사용해 가열성형을 하고 있다. 알파로메오에 따르면 4C의 정적 비틀림 강성이 14,150Nm/deg, 정적 휠 강성이 8,200N/mm으로, 우수한 편이다. 4C 차량은 이탈리아 모데나의 마세라티 공장에서 조립된다.

MERCEDES-AMG GT [메르세데스AMG GT]

| Steel | **Aluminum** | CFRP | Plastic |

다임러가 갖고 있는 3가지 승용차 브랜드 가운데 스포츠 이미지를 담당하는 곳이 메르세데스AMG이다. 그 제1탄으로 등장한 것이 GT이다. 프로펠러샤프트를 매개로 변속기, 디퍼렌셜 장치를 캐빈 뒤쪽에 배치하는 레이아웃을 채택함으로서, 이것들을 포함해 앞뒤 무게 배분을 47:53으로 한 것은 선대 SLS와 똑같다. 바닥 및 앞뒤 격벽도 SLS와 똑같은 것을 사용하는 등 실제 보디 구조에 있어서 15%를 SLS AMG와 같이 쓴다. 화이트 보디의 무게 비율은 SLS AMG가 241kg인데 반해 GT는 231kg. 둘 다 90% 이상을 각종 알루미늄으로 만든다. 참고로 완성차로서의 무게 비율은 SLS AMG가 1,620kg(L4,638×W1,939×H1,262mm : WB2,680mm)이고 GT가 1,570kg(L4,546×W1,939×H1,260mm : WB2,699mm)이다. GT의 전체 길이가 조금 짧아져 축간거리가 단축된 경량 모델이라는 것을 알 수 있다.

양쪽 보디의 가장 큰 차이는 GT가 스페이스 프레임 구조라는 점이다. SLS AMG는 오스트리아 그라츠의 매그너 슈타이어 회사에서 제조한 모노코크 구조에 걸 윙 타입이라는 점이 가장 큰 특징 가운데 하나이지만 GT는 통상적인 앞쪽 힌지 도어 구조에 독일 티센크루프 회사가 제조했다. 스페이스 프레임과 모노코크의 차이를 제외하면 루프 부분의 구조 차이가 가장 두드러진데 경량화에 크게 기여하고 있다는 것을 알 수 있다. 높은 위치의 중량물이 없어진데 따른 이점이 얼마만큼 영향을 미칠지가 상당히 궁금하다.

GT를 구현하는 보디 부자재의 각종 개량 부위

[메르세데스AMG GT]

AMG 개발 제2탄
스페이스 프레임 구조의 GT카

메르세데스의 아이콘 가운데 하나인 걸 윙 도어를 장착해 이목을 집중시켰던 SLS AMG가
생산을 종료한지 어언 2년이 다돼 가는 즈음에, 다임러가 GT 카테고리에 뛰어들었다. 이
름까지 아예 GT라고 결정한, 신형차량의 특징을 살펴본다.
본문 : MFi 수치 : 다임러

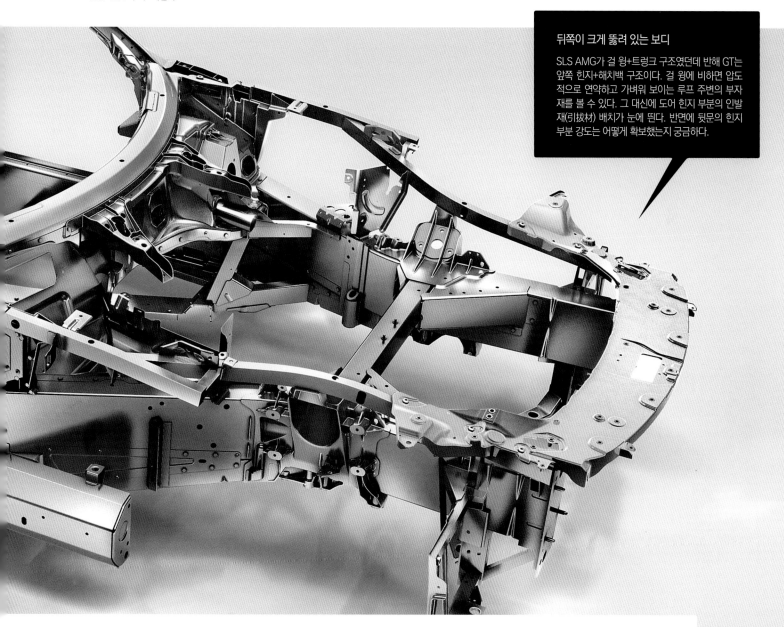

뒤쪽이 크게 뚫려 있는 보디

SLS AMG가 걸 윙+트렁크 구조였던데 반해 GT는
앞쪽 힌지+해치백 구조이다. 걸 윙에 비하면 압도
적으로 연약하고 가벼워 보이는 루프 주변의 부자
재를 볼 수 있다. 그 대신에 도어 힌지 부분의 인발
재(引拔材) 배치가 눈에 띈다. 반면에 뒷문의 힌지
부분 강도는 어떻게 확보했는지 궁금하다.

좌 : 충격파 원뿔(Shock Cone) 구조가 눈길을 끄는 보닛 후드. 라디에이터 서포트는 마그
네슘과 몇 안 되는 「알루미늄 외」부자재이다. 프런트멤버의 평범하지 않은 대(大)단면 형
상과 대용량 꺾쇠(Brace)가 차량의 성격을 말해준다. 4.0리터 V8 터보 엔진을 탑재한다.
좌중간 : 후드, 패널 종류 가운데 뒷문을 강재. 이것도 GT 보디부자재 가운데 적지 않은 알
루미늄 외 부품 가운데 하나이다. 프런트 멤버 및 사이드 실의 견고함과 펜더 레일 및 필
러, 루프 부자재의 가늘기 차이가 인상적이다.
우 : 외피(Outer Skin)를 장착한 화이트 보디. 앞뒤 무게 배분 47:53이라는 숫자는 포르쉐
박스터나 카이엔과 비슷하다. 911은 뒤쪽이 더 무거워지는 경향이다.

강력한 토크를 받아내는 알루미늄 섀시

7세대에 해당하는 신형은 수지 패널+알루미늄 섀시라고 하는 급진적인 보디로 바뀌어 등장했다. 독특한 그 구조에 대해 살펴본다.

글/사진: GM/Abe 아스히코

case 5

Illustration Feature
HYBRID BODY

Chevrolet
STINGRAY
[쉐보레 콜벳]

| Steel | Aluminum | CFRP | Plastic |

◁ 외판은 비금속 사양

C7 콜벳의 알루미늄 섀시

프런트 멤버에서 사이드 실 그리고 리어 멤버로 넘어가는 곡선이 아주 완만하고 아름답다. 각 부자재는 주조품으로 붙어 있다. 게다가 거대한 앞뒤 벌크 헤드와 거대한 센터 터널에서 보디 강성을 높이는 구조이다. 강성을 추구하다보면 직선구조가 어울리지만 패키지나 메커니컬 레이아웃을 감안하면 현실적이지 않다. 그렇다고 굴곡점을 만들어 연결하면 그곳으로 응력이 집중된다. 형상이 기능을 그대로 드러내는 좋은 예라고 할 수 있을 것이다.

쉐보레 콜벳은 약간 이상한 인상을 받는 자동차이다. 요즘 모델은 독일 뉘르부르크링의 노르트슐레이페 서킷에서의 개발을 통해 속도의 기록을 노릴 정도의 슈퍼 스포츠카라고 할 만한 이미지를 갖고 있는 한편으로 오래 전부터의 팬을 배려해 MT와 AT를 반드시 같이 만든다. 또한 컨버터블 사양도 라인업에 넣어 편안하고 럭셔리한 특성까지 갖고 있다. 라이벌이라고 할 수 있는 닛산 GTR에 비해 속이 깊다는 느낌을 받는다.

알루미늄 섀시로 풀 모델 체인지된 콜벳. 외판은 비금속 소재로 화이트 보디 무게가 296.6kg이라고 한다. 강재도 이용하기는 하지만 비율은 10%가 안 될 정도로 적은 양이다. 6,000번대, 7,000번대 알루미늄 압출 소재와 주조 알루미늄 소재로 구축한 기본 골격은 견고함 그 자체로서 저속에서의 요철에 의한 입력은 물론이고 스트레스가 높은 상태에서 순간적으로 큰 입력을 받아도 전혀 비틀림이 느껴지지 않는다. 이 주조 알루미늄 소재가 신형 콜벳의 차체 강성을 향상시킨 핵심 가운데 하나로, 결과적으로 양호한 트랙션과 서스펜션의 명쾌한 동작을 연출하고 있다. 오토클레이브 공법으로 만들어진 루프 패널이 매우 가벼워 응력 부자재로서는 중시하지 않았나 하는 생각이 들 정도지만 역시나 탈착 각각의 상태에서는 캐빈 내에서의 인상도 약간 다르다. 물론 거대한 플로어 터널과 앞뒤 격벽으로 둘러쌓인 캐빈에서 받은 인상은 한 마디로 견고함이다. 누구든지 고성능을 즐길 수 있는 차체 제작에 성공한 것이다.

Z06 및 컨버터블 사양과의 공용

노멀(339kW/624Nm) 컨버터블부터 Z06(485kW/881Nm) 쿠페까지 기본
적으로 이 섀시를 사용한다. 보는 바와 같이 허리선부터 위쪽으로 윈도우 프레
임과 롤 오버 바를 제외하고는 거의 부자재가 없다는 것이 특징이다.

좌상 : 프런트 서스펜션의 암 종류는 프런트 멤버~사이
드 실을 잇는 주조부품에 연결되어 있다. 프런트 멤버
및 범퍼 보강재는 7,000번대 압출 소재를 이용한다

좌하 : 리어 서스펜션 암 종류도 프런트와 똑같은 배
치. 캐빈 후방은 롤 오버 바(6,000번대 압출 소재)와
리어 벌크 헤드 어퍼(6,000번대 판재)에 의해 테두리
구조로 강하게 구축되었다.

우상 : 스티어링 칼럼은 6,000번대 압출 소재의
대시 어퍼에 강성이 높을 것 같은 주조 부자재를
매개로 설치된다. 대시 로어는 보기에 스틸을 사
용하고 있는 것 같다. 바닥은 SMC공법에 의한 폼
코어 소재.

우하 : 견고하게 보이는 센터 터널은 5,000번대 판재를
이용한 성형품. 사이드 실은 6,000번대의 압출 소재이
다. 스폿 용접과 리벳, 볼트·너트 체결 등 다양한 접합
방법으로 부자재를 연결하고 있다는 것을 알 수 있다.

기초 소재 & 기술 트렌드

카본

CFRP

알루미늄보다 가볍고 철보다 강도가 강한 화학소재의 미래

카본 파이버(CF=탄소섬유) 주위를 수지로 굳힌 CFRP(탄소섬유강화수지)를 「어떻게 자동차에
최대로 활용할 것인가」에 대한 실증 실험은, 이미 소량생산 차량을 통해 점점 진행되고 있다.

본문 : 마키노 시게오　수치 : 벤틀리 / 람보르기니 / 마키노 시게오

직물이 된 CF. 기본적으로는 섬유를 직각으로 교차시켜서 짜는 것이지만 비스듬하게 교차시키는 등 다양하게 짜는 직조방법도 있다. 반드시 CF 메이커에서만 직물을 만드는 것은 아니고 실로 출하해 수지 메이커 등이 직물로 만드는 경우도 있다.

루프 부분의 큰 틀에 CFRP 시트를 부착하는 작업. 위 사진에서는 리어 쿼터 윙에 해당하는 부분이다. 기본적으로는 클린 룸에서 작업한 다음 진공 팩으로 덮어 공기를 빨아들여서 가열한다.

재단된 CFRP 시트. 1장의 큰 시트를 남김없이 사용하기 위해 폐기면적이 가늘고 작게 나오도록 레이아웃·소프트웨어를 사용하는 경우가 많다. 자동차 캐빈처럼 형상이 복잡하면 사진처럼 작은 조각도 많아진다.

루프 부분의 큰 틀에 CFRP시트를 부착하는 작업. 위 사진에서는 리어 쿼터 윙에 해당하는 부분이다. 기본적으로는 클린 룸에서 작업한 다음 진공 팩으로 덮어 공기를 빨아들여서 가열한다.

CFRP(탄소섬유강화수지)로 만들어진 「미래의 자동차」는 TV 등의 미디어에서도 많이 소개된다. 어른 둘이서 들어올릴 수 있을 만큼 가볍다든지, 자동차 전체가 통째로 하나로 만들어졌다든지 하는 장점들이 소개된다. 하지만 그것은 아직 「미래」의 일이고 CFRP를 보디에 사용한 자동차는 극히 일부의 고가상품에 지나지 않는다. 골프 클럽이나 자전거 등 세계적으로 보면 CFRP 제품이 증가하고 있기는 하지만 자동차에 이용하는 것은 아직 지금부터라고 할 수 있다. 가장 큰 이유는 가격이다. 현재 세상에 나와 있는 CFRP 자동차는 탄소섬유를 열경화성 수지로 굳히는 오토클레이브 제조방법으로 만들어져 왔다. 이것은 손이 많이 가는 방법으로 노동 임금이 바로 제품가격으로 이어진다. 그래서 새로운 공법이 몇 가지 개발되었다. 위 사진은 람보르기니 아벤타도르로서 RTM(Resin Transfer Molding)이란 방법으로 CFRP 캐빈을 만

든 것이다. 앞뒤 섀시 부분은 강재와 알루미늄이다. CFRP 시트를 준비해 그것을 부품형상대로 재단한 다음 틀에 부착하는 것까지는 오토클레이브와 똑같지만 RTM은 경화 과정이 간소하다.
CFRP 시트 재단은 NC제어의 자동기로 하지만 틀에 부착하는 것은 모두 수작업이다. 오토클레이브 같은 경우는 캐빈 1대를 만드는데 1일이 걸릴 것이다. 말하자면 손으로 작업하는 양복 같은 것이어서 재단한 다음 합체시키는 것이다. 대량생산을 하려면 인력과 가마 수를 늘리는 수밖에 없다. 강도는 뛰어나지만 가격이 비싸다.
그렇다면 어떻게 해야 가격을 낮출 수 있을까? 그 해답 가운데 하나가 RTM이다. 심지어는 단섬유 이용이라는 방법도 있다. CFRP 시트는 CF(카본 파이버=탄소섬유)를 짠 직물로서 구조는 위 일러스트에서 보듯이 직물을 겹쳐놓은 것이다. 어떤 방향이든 강도를 강하게 하고 싶

장섬유와 단섬유의 구분 사용

장섬유를 직물로 만드는 방법은 CF의 가장 큰 특징인 「고강도」를 살리기 쉽지만 반면에 가격이 비싸진다. 그래서 장섬유를 사용하면서도 가마에 넣는 것이 아니라 금형으로 단시간에 성형시키는 방법이 이미 실용화되었다. 가마 같은 경우는 1시간, 금형은 5분이면 끝나기 때문에 가격이 대폭 떨어진다. 단섬유 같은 경우는 열경화성 수지나 열가소성(가열하면 부드러워진다)이라는 선택지가 있기 때문에 소재 메이커들은 사용부위에 따라 구분해서 사용하는 방법을 제안하고 있다. CFRP를 최대한 활용하는 방법이 조금씩 진화되고 있는 것이다.

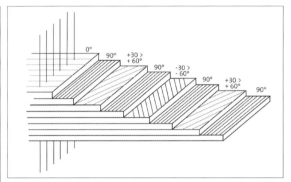

이 3장의 사진은 모두 단섬유를 사용한 것이다. 바로 위쪽 사진은 볼트 구멍까지 같이 금형으로 성형하는 최신 방법으로 미쓰비시 레이온의 시작품이다. 우상단 사진은 열가소성 수지를 사용한 구조재의 시작품. 우하단은 닛산 GTR의 프론트 부분에 사용했다는 사진이다.

고급차 벤틀리의 도어 미러에 사용된 CFRP는 장섬유 오토클레이브 제조 방법. 그 중에서도 아름다운 직물모양이 가장 큰 특징으로 그래서 「카본은 돈을 먹는다」는 말이 나오는 것이다. 틀에 부착하기 때문에 성형의 자유도가 높다.

람보르기니 아벤타도르의 엔진 룸. 엔진 마운트는 강재로 만들어진 스페이스 프레임 위에 얹히는데 사진처럼 CFRP를 「화장」으로 활용하면 모습이 확 달라진다. 이렇게 크고 복잡한 성형도 일체성형을 할 수 있다.

다면 섬유방향을 가로, 세로, 비스듬하게 겹치게 하면 된다. 직물을 만드는데도 노동력은 들어간다. 다만 오토클레이브로 만들어진 표면 완성도는 상당히 아름답다. 수지가 투명해져 CF가 짜여있는 모습이 그대로 보인다. 이런 아름다움을 손상시키지 않으면서 거기에 성형시간을 단축할 수 있는 것이 RTM이다.

한편 CF를 가늘게 잘라서 수지의 안에 무작위로 섞은 다음 이것을 가열해 성형하는 방법도 이다. 복잡한 성형도 짧은 시간에 성형할 수 있기 때문에 가격은 싸지만 표면은 검은 함석판 같이 얼룩 모양이 된다. 이것이 단섬유의 성형으로 몇 가지 방법이 있다. 장섬유 CF를 짜서 사용하는 경우와 비교하면 강도가 상당히 떨어진다. 수지비율이 많아지기 때문에 강도는 조합하는 수지의 성질에 좌우된다. 그렇지만 싸다.

알루미늄보다 가볍고 철보다 고강도인 CF의 장점을 살리려면 장섬유밖에 없을까. 혹은 단섬유에서도 가능할까. 일부에서는 장섬유 대 단섬유 논쟁이 있지만 거기에는 가격적인 이야기도 있고 CFRP 단독이 아니라 금속과의 조합을 찾는 이야기도 들어 있다. 가능성을 가진 소재는 차분히 키워나가야 할 것이다. 어쩌면 미래에 CF를 「입체편물」로 해서 부품형상을 만들면서 수지를 거기에 부착시킨 다음 그대로 경화시키는 방법이 개발될지도 모른다.

CF는 일본의 특산품으로서, 세계 점유율 가운데 약 70%를 차지하고 있다. 따라서 사용방법을 포함한 제안도 일본이 선도해야 한다. 실만 만드는 「하청」만 해서는 가장 실익이 없다. 자동차와의 조합은 그런 의미에서도 유력한 것이다.

카본 보디 수리

[BMW i3을 소재로 삼다]

요즈음 강재 보디는 강성이 너무 강해서 쉽게 고칠 수 없다고 한다.
하물며 알루미늄 합금 보디는 용접할 때의 열 변형이 많기 때문에 더욱 그렇다.
그럼 CFRP 보디는 어떨까. 외판이 아니라 구조물은 고가의 슈퍼 카가 아니라 보급형 가격대로
내려온 CFRP 보디의 BMW i3을 예로 들어 전문가에게 그 실태를 물어본다.

본문 : 사와무라 신타로　사진 : MFi / BMW

CFRP란 탄소섬유 강화수지를 말한다. 탄소 섬유 함유량을 체적으로 보면 대략 반 정도 되지만 형상을 담보하는 것은 섬유로서가 아니라 플라스틱이다. 거기서 우리는 생각해 볼 수 있다. 충돌사고가 일어났을 때를. 한 번 파괴된 플라스틱을 과연 고칠 수 있을까? 일단 충돌사고가 났다 하면 결국에는 모노코크 전체를 교환해야 해서 새 차를 살 정도로 비용이 발생하는 것은 아닐까. 양동이가 됐든 범퍼가 됐든지 간에 그냥 플라스틱 정도면 접착제로 보수할 수 있겠지만 자동차 모노코크 같은 경우는 응력 운반체로서의 강성이나 강도

를 회복해야 하는데 말이다-.

그런 의문점에 대한 해답을 찾기 위해 우리는 레이스 분야에서 CFRP 개척자로 알려진 주식회사 챌린지를 방문했다. 취재에 응해 준 것은 대표이사인 나카무라 다카요시 사장이다. 당일은 구체적인 사례로 들기 위해 BMW i3을 타고 갔다. 아시는 바와 같이 i3은 바닥 부분을 알루미늄 소재로 구성했고 거기에 CFRP 차체를 얹은 일종의 하이브리드 구조이다. 이 CFRP에 이용된 탄소섬유는 PAN 계 수지로 만든 직경 7의 장섬유로서 이것을 50k(50,000필라멘트) 다발로 묶은 라지 토

(large tow)로 분류되는 실이다.

나카무라 사장은 첫 마디부터 명확했다. 「고칠 수 있습니다」 그리고는 「단」이라는 접속사로 시작되는 보충설명을 이어간다. 열경화성 수지를 사용하는 CFRP는 가능하지만 열가소성 수지를 사용하는 CFRTP(탄소섬유 강화 열가소성 수지)는 안 된다는 것이다. 또한 SMC도 탈형(脫型)이기 때문에 박리제를 바르지 않고 해결되도록 재료가 자기박리제를 함유하기 때문에 보수가 불가능하다고 한다. 여기서 CFRP 보수란 것이 어떤 작업인가 하는 본질적인 주제로 들어가는 것이다.

원래 CFRP 차체는 전체를 일체로 성형하는 것은 아니다. 3차원적으로 복잡한 형태를 하고 이는 자동차 차체 같은 경우 일체성형은 불가능하다. 그래서 부자재별로 성형한 다음 각각을 2액형 에폭시 접착제로 연결한다. CFRP 차체 수리는 이 이치를 응용한다. 외력으로 인해 파괴된 부분을 에어 톱으로 잘라낸 다음 잘라낸 부위의 CFRP 소재와 똑같은 것을 만들어 접착하는 것이다.

하지만 같은 것이라고는 해도 엄밀하게 따지면 동일소재는 아니다. 해당 부분의 CFRP 소재를 핸드 레이업으로 탄소섬유를 부착한 다음 수지를 침투시키고 나서 경화시킨 것이다. 당일의 교재라 할 수 있는 i3의 차체 지붕을 비롯해 맥라렌이나 람보르기니의 CFRP 차체는 RTM법을 이용해 만든 것으로 즉 금형의 성형이기 때문에 핸드 레이아웃법과는 제조법이 다르다. 그렇기는 하지만 RTM법 같은 경우는 금형에 탄소섬유 시트를 붙이고 나서 거기에 수지를 주입하기 때문에 아무래도 오토 클레이브 방법에 비해 탄소섬유에 대한 수지 비율이 많아지고 당연히 강성도 떨어지기 때문에 균형은 맞추기가 쉽다고 한다. 또한 오토클레이브 방법이라면 핸드 레이업 방법보다 강성은 높지만 그 경우에는 적층을 해서 두께로 보충하는 것이라고 한다. 그런데 i3의 차체 지붕은 주체(主體)구조 부분이 RTM법을 사용했다. 그렇다는 것은 열경화 수지라는 말이다. 하지만 외판은 열가소성 수지를 사용한 CFRP. 그렇다면 외판은 보수가 불가능하게 된다. 하지만 외판은 각각의 조각으로 나누어 주체구조에 대해 접착으로 부착되어 있다. 한 가지 조각을 통째로 바꿔서 섭착해서 고치면 되

실차를 앞에 두고 전문가의 설명을 들었더니 i3의 보디구조에 대한 세세한 것을 잘 이해할 수 있었다. 「BMW는 i3에서 CFRP를 사용함으로서 많은 노하우를 얻었을 것이라 생각합니다.」(나카무라 사장)

나카무라 사장은 말했다 · 「카본 보디는 고칠 수 있습니다 · 다만 …」

는 것이다. 덧붙이자면 주체구조로 이용하는 CFRP 경우도 단순히 파괴된 부위만 고치면 되는 것이 아니라 그것을 구성하는 조각단위로 제거하고 재생하는 것이 기본이다. 대부분의 경우 자동차 메이커가 작성한 수리 매뉴얼에는 이 제거하는 경계선이 명시되어 있다. 그와 동시에 현물에 그 선이 새겨져 있는 경우도 있다. i3에서도 사이드 실 부분에서 그 제거지시 라인을 볼 수 있었다. 개략은 이와 같지만 실제 현장에서는 글로 쓴 것처럼 간단하게 끝나는 일은 없다.

예를 들면 핸드 레이업 방법으로 해당 부자재를 만들 경우 해당 수지는 열경화성이 되지만 그 열을 어떻게 넣느냐가 문제이다. 가령 차체가 통째로 들어가는 거대한 오토클레이브가 있다손 치더라도 거기에 넣어 가열하는 것은 불가능하다. 차체에는 의장이나 배선 같은 여러 부품들이 가득 붙어 있기 때문에 그것들을 다 탈착하기에는 막대한 노동력과 시간이 투입되어야 하기 때문이다. 때문에 수지 가열경화에는 블랭킷(Blanket)이 사용된다. 다시 말하면 전기 모포를 사용해 전기적으로 따뜻하게 하는 것이다. 덧붙이자면 보수에 사용하는 접착제는 신품 모노코크를 조립할 때의

몇 개의 부자재를 겹쳐서 만든 CFRP

언뜻보면 일체화되어 있는 것처럼 보이는 CFRP 보디도 프레스 강판 제품처럼 몇 가지 부자재가 겹쳐서 구성되어 있다. 금속의 경우, 이런 복층 부분에 충격을 받으면 광범위하게 피해가 퍼져나갈 뿐만 아니라 피해상태도 파악하기가 쉽지 않다. CFRP는 충격을 받은 부위만 파괴되는 경우가 많기 때문에 그 부분만 수리·교환하면 되는 장점은 있다. 즉 수리에 있어서는 금속제품보다 작업하기가 쉽다고 할 수 있다.

모노코크에 새겨진 분할선이 수리할 때의 기준이 된다.

 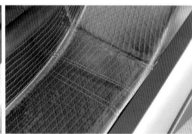 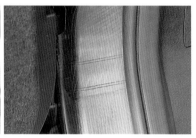

i3의 사이드 실에 몇 개나 새겨진 횡단선. 이것이 CFRP 보디의 분할선이다. 금형을 사용해 성형하는 RTM에서는 오토클레이브처럼 복잡한 형상의 부자재를 일체성형할 수가 없기 때문에 이렇게 보디를 몇 개의 파트로 분할해 성형한 다음에 이것을 어셈블리 공정에서 하나가 되도록 접착한다. 수리를 할 때는 반대로 분할선을 따라 파손된 부분을 절단한 다음에 그곳을 틀에 맞춰 핸드 레이업으로 성형·수리한다. 적층한 수지는 블랭킷(Blanket)을 이용해 경화시킨다.

열경화성 수지는 전기 모포로 가열하여 경화시킨다.

접착제와 똑같은 것을 사용한다고 한다. 양산 CFRP 차체 같은 경우는 공정수 차원에서 상온 경화성(4~5시간 소요)이 주류인 반면에 레이싱 카의 경우는 열경화성이 대부분으로 이런 경우는 110℃~120℃의 가열이 필요하기 때문에 이때도 블랭킷을 이용하게 된다.

또한 CFRP 차체는 단순한 판과 파이프로 구성되어 있는 것이 아니다. 그냥 각주(角柱)로 보여도 내부에 지주를 넣어서 강성을 확보하는 경우도 있다. 또한 사이드 실 부분 등 충격 흡수 구조(Crushable Structure)로 할 필요가 있는 부위에는 노멕스(Nomex) 제품이나 알루미늄 제품의 허니콤을 양쪽에서 CFRP 판재로 끼운 소위 샌드위치 소재를 이용한다.

이런 복잡한 부위는 매뉴얼이 있으면 그것을 참조하면 되지만 없을 경우에는 파괴된 부위에 CCD카메라를 끼워서 예비검사부터 해야 한다. 복층구조 같은 경우는 먼저 안쪽을 만들고 블랭킷으로 가열경화시킨 다음에 앞쪽을 만들어 가열경화 그리고 마지막으로 표면 쪽으로 이런 순서로 작업을 하나하나씩 해야 한다.

또한 응력이 집중되는 부위에는 CFRP 부자재 조각끼리 접합하는 면을 2차원 평면이 아니라 단락으로 한 3차원으로 해서 접착면적을 확보한다. 이런 부위에서 제거하고 붙이고 할 때는 당연히 에어 톱으로 그 부위를 바로 제거하지 않고 구분된 접합면에 이르기까지 잘라나

가는 작업이 필요하다.

까다로운 것은 샌드위치 소재이다. 절단한 부분에 CFRP 판을 먼저 만들고 그 위에 허니콤을 붙인 다음 다시 CFRP 판재를 붙이는 순서로 이루어지는데 CFRP 판재와 허니콤을 접착할 때는 안과 겉 양쪽에서 압력을 가해 눌러줄 필요가 있다. 쉽게 상상이 되듯이 이것이 형상에 따라서는 상당히 까다로운 작업이 되는 것이다. 허니콤과 CFRP 접착은 모재(母材)인 수지에 가까운 성상(性狀)의 시트 타입을 사용하지만 허니콤끼리는 접착할 때 틈새를 메우기 위해 발포성 전용품을 이용하는 등 접착제도 나누어서 사용해야 한다.

심지어는 접착면 처리도 필요하다. 그것은 넓

CFRP 보디는 중고차 사고의 형상과는 관계가 없는 것 같다.

게는 평평하게, 세세하게는 거칠게 하는 것이 기본이고 이것은 CFRP 부자재 조각의 경우도 마찬가지이다. 때문에 벗겨낸 자국의 면이 까칠까칠하게 기친 필 클로스(Peel Cloth)라고 하는 천을 붙여 성형하든가 또는 샌드 블래스트(Sandblast)로 면을 거칠게 해줘야 한다. 다시 말하면 이런 것이다. CFRP 차체 수리는 확실하게 가능하다. 하지만 그 작업은 상당한 노동력을 필요로 하며, 더구나 챌린지 회사 같이 풍부한 노하우를 갖고 있지 않으면 시행착오가 많을 것이다. 그런 의미에서는 현재 상태에서 CFRP를 차체에 사용하는 상품이 고가일 뿐만 아니라 일상적인 사용기회가 적은 슈퍼 카 종류에만 집중해서 사용하는 것이 당

연하다고 하겠다. 그런데도 i3을 시장에 투입한 BMW의 행동은 상당히 과감한 결단이었던 것이다. 6천만 원대에 팔리는 차인데다가 사용시간이 많으면 충돌 가능성도 높아질 것이기 때문에. 그런데 이번 취재를 하는 가운데 지금까지 알지 못했던 CFRP 차체의 강점도 들을 수 있었다. 나카무라사장의 풍부하고 오랜 경험 속에서 사고가 난 CFRP 차체는 파괴된 부위 이외에 변형이 발생한 경우가 하나도 없었다는 것이다. 금속 같은 경우는 항복점 주변의 경계 상태가 명확하지도 않고 사고가 난 차체는 대체로 잘 견디고 있는 것 같지만 미묘한 소성변형이 사방팔방으로 나 있어서 프레임을 수정해야 하는 경우를 종종 볼 수

있다. 하지만 단단하지만 잘 붙어 있지 못하는 CFRP는 단번에 파괴에 이르기 때문에 무사하던지 파괴되었던지 두 가지 중에 하나이다. 즉 중고차에 망령처럼 따라다니는 「똑바로 달리지 못하는 사고차량」이라는 악몽과 CFRP 차체는 관련성이 없다는 것이다.

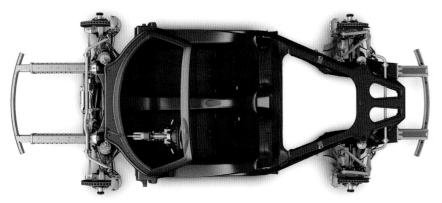

가격 상황에 따라서는
GFRP도 가능

충격 흡수 구조와 서스펜션 구조 부품 이외는 전부 CFRP. 다만 1kg당 1,000 유로는 넘게 되면 PA6GF30 등과 같은 고강성 GFRP 사용도 계획할 수 있을 것으로 포르쉐는 내다보고 있다.

현재 풀 CFRP 보디를 적용한 시판 차량은 i3와 몇몇 특수한 사례를 빼고는 레이싱 카처럼 배스터브(욕조) 모노코크 형상을 채택하고 있다. 아직 비싸기도 하고 소량으로 생산하는 한정 차량이라면 어쩔 수 없이 CFPR 보디를 제작하는데 있어서는 충분한 실적을 쌓아온 레이싱 카·모노코크의 노하우를 그대로 사용하는 것이 합리적일 것이다. 물론 현재 상태에서 CFRP 모노코크가 고성능 스포츠카에 한정(특히 미드십)된 기술이라는 측면도 있다.

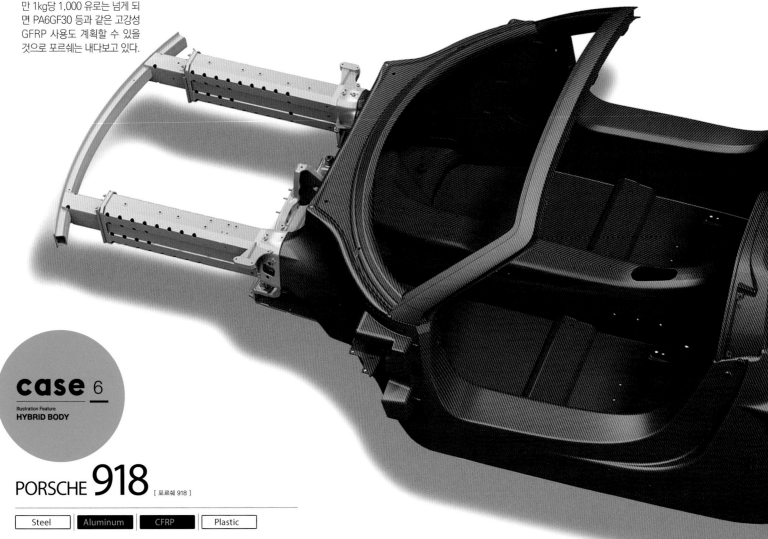

case 6
Illustration Feature
HYBRID BODY

PORSCHE 918 [포르쉐 918]

| Steel | Aluminum | CFRP | Plastic |

10년 사이에 진화한 포르쉐만의 CFRP 활용기술

포르쉐의 슈퍼 스포츠 918 보디는 2003년의 전작 카레라 GT의 업데이트이다.
10년 사이에 장족의 발전을 이룩한 CFRP 제작기술과 기법이 918 여러 부분에 반용되었다.
본문 : 사와무라 신타로 사진 : MFi / BMW

레이싱 카와 가장 큰 차이는 엔진을 구조 부자재로 삼는 스트레스 마운트를 사용하지 않음으로서 엔진 지지용 프레임을 배스터브(Bathtub) 부분과 체결한다는 점과 충격 흡수 구조를 별도로 설치하고 있다는 2가지 점이다. 그런 전형적인 사례가 포르쉐 918 스파이더의 보디 구조이다.

먼저 페이지 중앙부분의 사진과 우측 페이지 상부의 사진을 비교해 주기 바란다.

큰 사진은 918이고 작은 사진은 2003년에 발표한 카레라 GT의 모노코크로서 기본적인 형상은 거의 비슷하다. 918 쪽이 휠베이스가 80mm 짧기는 하지만 크기 차원에서는 똑같다고 해도 무방하다. 다만 무게는 카레라 GT가 1380kg인데 반해 918은 1680kg으

918의 원형이 된 카레라 GT 보디
형상이나 부품의 구성은 918과 거의 똑같이 보이지만, 배스터브 모노코크 부분은 918과 달리 AC 제조법을 채택. 21세기 초에는 아직 RTM을 통한 고강성 보디 제작방법이 완성되지 않았다는 것을 엿볼 수 있다.

로 20% 이상 더 무겁다. 증가분의 대부분은 하이브리드 시스템으로 생각되지만(엔진 중량은 카레라 GT의 V10 쪽이 70kg이 무겁다) 이 정도나 무게가 더 나가면 형상은 차치하고라도 강성까지 똑같지는 않다. 정적 굽힘 강성은 9,000N/mm에서 16,000N/mm로, 정적 비틀림 강성은 28,500N/mm에서 40,000N/mm로 각

각 강화되었다. 그런 때문인지 아닌지는 불명확하지만 모노코크 단독 무게는 190kg에서 216kg으로 증가. 다만 강성과 중량을 대비시킨 지표인 라이트 웨이트 레이팅은 1.5에서 1.2로 좋아졌다.

차량의 보디에 있어서 가장 큰 차이점은 카레라 GT가 모두 오토 클레이브(AC) 제조방법을 사용한데 반해 918D는 배스터브 부분이 RTM으로 엔진 프레임이 AC로 나뉘어져 만들어졌다는 점이다. 918에서는 보디 외판도 거의 100% CFRP 제품으로 부위와 요구성능에 따라 AC와 RTM을 혼용한다. 약 10년의 세월은 CFRP 제작기술을 더 한층 진보시켜 가격과 성능의 조화를 최대한 맞추겠다는 목적 하에 포르쉐가 새로운 방법을 찾았던 것이라 생각한다.

918의 원형이 된 카레라 GT 보디

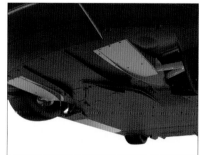

AC와 RTM을 적재적소에 적용한 918 보디 부품 가운데 이채로운 것이 언더 플로어. RTM에서는 만족할 만한 강도와 강성을 확보하지 못하면서 완성 직전에 최신공법인 PCM 제품으로 바뀌었다.

CFRP 보디 제작을 담당한 무베아 카보텍

포르쉐 918 스파이더의 CFRP 보디를 제작한 곳은 독일의 종합 공급업체인 무베아의 CFRP 제작부문으로 오스트리아에 위치한 무베아 카보텍 회사이다. 무베아 카보텍은 VW의 XL1이나 맥라렌 MP412C의 CFRP 보디 제작도 하청 받는 등 시판 차량용 CFRP 보디 양산에 많은 노하우를 축적하고 있다. 918에 적용한 RTM 제조법에 의한 보디 기법은 MP412C를 통해 얻은

고압축 RTM 기술을 전면적으로 적용한 것이다. 양산화 기술에 대해서도 CFRP 모노코크를 1시간당 1대를 만들 수 있는 능력을 갖추고 있어서, 연간 50,000개는 공급할 수 있다고 한다. 무베아 카보텍에서 제작한 보디에 포르쉐 사내에서 알루미늄 구조 부자재를 장착하는데 부식방지를 위해 CFRP와 금속 접합부분에는 GFRP나 수지 코팅재를 사용하게 되어 있다.

철저하게 운동성을 추구한 신세대
미드십 섀시

아직도 인기가 높은 경자동차 스포츠카 세계. 혼다가 시장의 뜨거운 요구에 맞춰 드디어 신세대
미드십 마이크로 스포츠카를 세상에 내보냈다.

본문&사진 : MFi 수치 : 혼다

HONDA S660 [혼다 S660]

| Steel | Aluminum | CFRP | Plastic |

case 7

Illustration Feature
HYBRID BODY

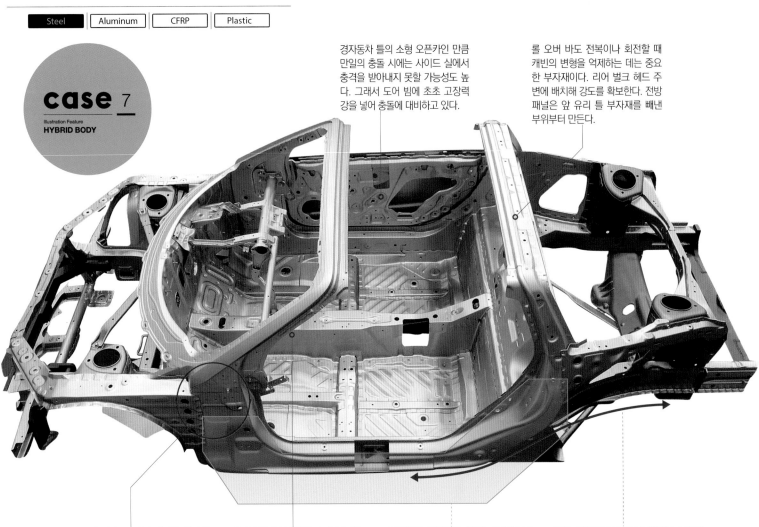

경자동차 틀의 소형 오픈카인 만큼 만일의 충돌 시에는 사이드 실에서 충격을 받아내지 못할 가능성도 높다. 그래서 도어 빔에 초초 고장력강을 넣어 충돌에 대비하고 있다.

롤 오버 바도 전복이나 회전할 때 캐빈의 변형을 억제하는 데는 중요한 부자재이다. 리어 벌크 헤드 주변에 배치해 강도를 확보한다. 전방 패널은 앞 유리 틀 부자재를 빼낸 부위부터 만든다.

루프가 없다=각각의 필러를 연결하는 부자재가 없기 때문에 선회 중 미끄러질 때는 캐빈의 변형을 억제시켜야 한다. 그래서 A필러가 시작되는 부분에 철저히 강도를 확보하는 대책을 적용했다.

앞 유리의 틀 부자재는 가공이 없는 일체 성형품을 사용했다. 외장으로 그대로 드러나는 부위인 만큼 외관상으로 뛰어난 것은 물론이고 강도도 확보할 수 있다. 게다가 공정을 생략할 수 있다는 장점도 있다.

운전자가 오픈카를 즐기는데 있어서는 강성이 가장 중요하다. 그래서 사이드 실 바깥쪽 부자재를 일체형으로 했다. 푸른 틀 부분에서 한 장짜리 구조로 되어 있다. 큰 부품인 만큼 생산부문과 조정하는 데 어려움이 있었다고 한다.

정적·동적 비틀림이나 트랙션을 걸었을 때의 튀는 느낌 등은 없애는 것이 좋다. 미드십인 만큼 리어 멤버와 사이드 실의 접속에 주력하면서 화살표에서 보듯이 완만한 라인이 만들어졌다.

S660 보디 부자재의 특색

S660은 미드십 스포츠카의 자동차로서는 특별한 포맷이라 할 수 있다. 더불어 경자동차라는 포맷도 갖고 있다. 특별하면서 싸게 판매해야 하는, 두 가지 이율배반적인 성격을 어떻게 양립시키느냐가 개발 과정에서 중시된 과제 가운데 하나였다. 추구하는 성능을 특별한 수단 없이 어떻게 구현해 낼 것인가. 고가의 소재를 사용하지 않고도 형상과 공법으로 다양한 노하우를 접목시켜 오픈카로 완성해 낸 것이 S660 보디의 특색이다.

1996년에 생산이 중지된 혼다 피트 이후, 약 20년 만에 경량 미드십 스포츠카가 돌아왔다. S660으로 불리는 이 신형 차량은 기이하게도 일본을 아니 세계를 대표하는 경량 스포츠카인 마쓰다 로드스터와 같은 시기에 발표된다. 한 쪽은 0.66리터 터보+MR, 다른 한 쪽은 1.5리터 NA+FR이라고 하는 차이는 있지만 스포츠카 수난인 시대에 어렵지 않게 손을 뻗칠 수 있는 순수 스포츠카가 등장한 것을 먼저 축복해마지 않는다.

상세한 보디 구조는 발표회장에서 화이트 보디 실물을 앞에 놓고 혼다 기술진이 세부 사진과 함께 설명해 준 것도 있으므로 4페이지에 걸친 사진과 해설문을 봐주기 바란다. 이 본문에서는 혼다의 사내토의 결과 "스포티"카가 아니라 본격적인 운동성능을 가진 순수 스포츠카를 지향하게 되었다는 S660의 MR로서의 본질은 어떨까 하는 점에 관해 살펴보겠다. MR의 특징 가운데 하나는 탑승객과 엔진+변속기를 휠베이스 안에 배치함으로서 불필요한 요 관성 모멘트를 없애는 것에 있다. 하지만 S660처럼 불과 2,285mm의 휠베이스로 이것을 실현하기는 쉽지 않다. 작은 3

기통 엔진은 가로로 배치한다 하더라고 탑승객의 존재는 필수이기 때문에 자칫 잘못하면 운전자에게 부담을 지운다. 그런 전형적인 사례가 거의 비슷한 휠베이스를 가진 로드스터 엘리제로서 우측핸들 사양차로는 상당히 왜곡된 운전 자세를 강요받았다. 초대 NSX에서는 우측핸들 페달의 옵셋을 해소하기 위해 휠베이스 연장을 각오하면서까지 단행했다. S660에서는 사이드 실의 단면적을 수직방향으로 이어서 이런 어려움에 대처. 우측핸들밖에 없는 일본 전용차량이기 때문에 생기는 고뇌와 대처이다.

MR의 또 다른 특징은 엔진이라는 가장 무거운 물체가 거의 뒤 차축 위에 위치함으로서 얻어지는 트랙션 획득 능력이다. 그런 반면 앞바퀴 하중이 감소하기 때문에 안쪽으로 선회할 때는 브레이킹 등으로 앞바퀴에 하중을 이동시킬 필요가 있다. 그 시점에서 가속으로 옮겨갈 때 보디, 특히 휠 방향 강성이 부족하면 원하는 트랙션을 얻지 못할 뿐만 아니라 앞뒤 보디 움직임이 일관되지 않아 움직임이 불안정해진다.

S660의 보디 하부 앞뒤에 설치된 트러스 형상의 브레이스는 타이어 하

패키징을 중시한 플로어 구조

스포츠카를 표방한다면 탑승객은 최대한 낮게 앉혀야 한다. 그렇게 하면 절대적인 속도는 아니더라도 시각적인 효과도 있어서 자극적인 운전감각을 얻을 수 있다. 이렇게 생각한 개발진은 가능한 선에서 앉은 자세를 낮추는데 주력했다. 더불어 올바른 운전자세를 취할 수 있도록 페달 위치를 비롯한 기계적 배치를 적절하게 안내하는데도 부심했다. 그 결과 우측 투시도와 같은 패키지가 탄생한 것이다.

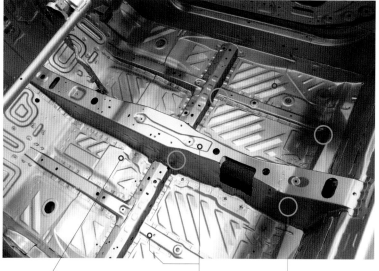

경자동차 규격에다가 일본전용 자동차, 따라서 스티어링은 오른쪽에 있다. 스티어링 마운트는 굵기가 굵은 부자재를 사용함으로서 칼럼의 강성을 확보한다. 또한 오른쪽 핸들인 만큼 페달 옵셋을 최대한 배제해 배치하고 있다.

지붕이 없는 만큼 강성의 확보는 사이드 실의 형상이 중요하다. 일반적으로 단면을 크게 하면 강성은 높일 수 있지만 경자동차인 관계로 가로 방향(폭) 치수에 대한 패키지 상의 제약이 크다. 그래서 다른 차종에서는 사례를 볼 수 없을 정도의 세로 방향(높이)을 확보했다.

우측은 A필러 시작점에 좌측은 프런트 벌크 헤드에 스테이를 매개로 해서 볼트로 체결한 환상구조를 하고 있다. 계속해서 지름을 굵게 사용해 횡단시키면 더 좋지 않을까 생각해 보지만 이 환상구조로도 충분히 칼럼의 강성을 확보했다고 한다.

다른 한편의 동승석 쪽은 단 차이가 나는 접속부분을 거쳐 더 가는 지름의 파이프로 연결되어 있다. 대시보드 방향의 볼륨을 확보하기 위해서일까. 역시 좌측에서는 A필러 시작점에 볼트로 체결되어 있다. 이것은 좌우방향으로만 체결한 구조이다.

센터 터널도 차량의 강성 확보에는 매우 중요한 부위이다. 탑승객의 공간을 최대한 확보한 상태에서 역시나 센터 터널도 높이와 폭을 크게 하고 있다. 앞뒤 벌크 헤드로 부드럽게 이어지게 설계하면서도 필요한 부분은 이중구조로 했다.

사이드 멤버는 양쪽 대칭이다. 측면충돌 대응은 앞서 설명한 도어 빔과 사이드 실이 거의 담당한다. 히프 포인트를 최대한 낮추고 싶었기 때문에 높이는 약간 낮은 편이다. 잘 보면 좌우 부자재는 뒤집기만한 공통부품이다. 비용을 의식한 설계인 것이다.

청색 원형은 시트레일을 체결하는 부위. 가능한 낮추려는 의식은 뒤쪽의 체결을 바닥에 직접 연결하기에 이르렀으며, 결과적으로 앞쪽은 볼트체결, 뒤쪽은 너트체결이라고 하는 기발한 구조가 되었다. 생산 쪽과의 강력한 협업 결과이다.

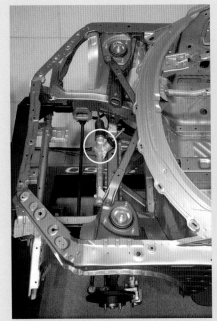

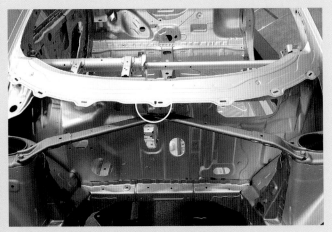

↑ 스트럿 타워 바를 앞에서 본 모습. 대시 어퍼 하부에 볼트로 체결된다. 벌크 헤드의 서비스 홀도 최소한으로 줄였다. 와이퍼 모터와 링크를 피하도록 배치한 것이다.

↑ 미드십인 만큼 앞 차축 무게는 비교적 가볍지만 스트럿 마운트 부분의 불필요한 움직임을 낮추려고 했다. 좌우뿐만 아니라 벌크 헤드에도 브레이크를 연결했다. 스티어링 기어박스는 서브 프레임에 직접 연결했으며, 타이로드가 차축 앞에 있는 구조이다.

↑ 더불어 스트럿 마운트와 프런트 멤버에도 브레이스를 추가했다. 이것은 스폿용접으로 접속되어 있는 구조. 크게 뚫린 구멍은 제조할 때 기계를 넣기 위해 필요했던 것이다.

← N시리즈에 사용되는 S07형 터보 엔진+변속기를 미드십에 탑재하면 배기 시스템이 전방으로 레이아웃이 된다. 그러면 배기 시스템의 냉각이 문제가 된다. 그래서 플로어 터널 끝 쪽에 공기를 유도하는 판을 추가했다. 터빈으로 직접 주행풍을 유도하기 위해서이다.

↓ 휠. 비틀림 강성을 확보하기 위한 대용량 터널을 설치하면 이번에는 개구부 쪽에서 구멍이 벌어지는 움직임이 발생한다. 그래서 바닥 쪽 3군데에 볼트 체결을 통한 브레이스를 추가했다. 뒤쪽 끝에 보이는 공기 유도판의 스테이 역할도 한다.

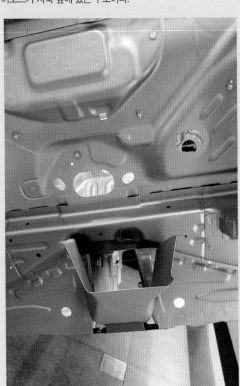

중의 이동에 따라 트랙션이 부드럽게 걸리도록 보디를 통한 토크 모멘트를 관리하기 위해 설치되었다. 이번에 사용한 타이어는 요코하마 ADVAN NEOVA AD08로 시판 차량으로는 이례적으로 그립력을 중시한 타이어를 장착하고 있다. 이 타이어를 충분히 활용할 수 있으려면 보디의 동적 강성이 뒷받침되어야 하는데 아마도 보디의 강성이 전제되었다고 할 수 있을 것이다.

스포츠카의 운동성능을 관장한다는 의미에서 서스펜션도 살펴보겠다. 서스펜션 형식은 4륜 스트럿을 사용하고 있기는 하지만 앞바퀴가 극히 일반적인 L자형 로어 암을 사용하는데 반해 로어 암 뒤로 전진각과 상반각을 준 토 컨트롤 암(링크)이, 게다가 앞뒤 방향으로는 강판 프레스로 만들어진 레이디어스 암(Radius Arm, 트레일링 암)이 붙는다. 구성으로는 병렬 링크방식 스트럿이지만 가로방향 암이 수평으로 배치되지 않은 점이 특징적이다. 부시의 용량은 약간 부족한 듯이 보이는데 볼 조인트를 사용한 토 컨트롤 암의 지지부분을 포함해 진동 소음 대책이나 승차감보다 움직임의 정확성을 지향했다는 것을 엿볼 수 있다.

다만 레이디어스 암은 보디에 직접 연결되기 때문에 보디 쪽 부시 용량은 그에 맞게 큰 편이다. 가로방향 암은 서브 프레임과 연결된 투박한 알루미늄 합금 주물의 브래킷에 장착되어 있다. 가격 절감을 위해 올 스틸로

↑ 스트럿이라고는 하지만 약간 기발한 리어 서스펜션. 이것은 왼쪽을 후방에서 찍은 모습. 전방부터 레이디어스 암, 로어 암, 토 컨트롤 링크가 각각 너클에 접속되는 구조이다.

↑ 이 사진은 우측을 아래쪽에서 본 모습. 레이디어스 암은 판금 프레스 부품을 상하 가장 중앙에 맞춰 견고하게 제작했다. 부시 종류는 필요 최소한이라는 인상을 받는다. 가로배치 미드십이지만 암의 길이를 충분히 확보하고 있다는 것을 알 수 있다.

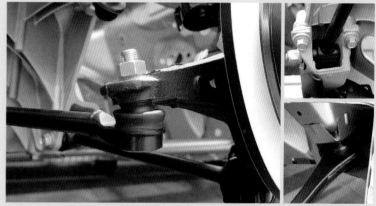

↑ 왼쪽 사진은 너클과 토 컨트롤 링크의 접속부위. 볼 조인트를 이용한다. 우측 위 사진은 서브 프레임의 암 연결 부분. 파악하기 쉽지 않지만 수평에서 약간 경사져 있다. 아래 사진은 레이디어스 암의 보디 쪽 마운트 부분.

→ 전방과 후방이 따로 움직이지 않도록 브레이스를 사이드 실에 연결. 리어 사이드 멤버와 벌크헤드를 연결하는 프레임(원형부분)은 사고가 났을 때 엔진과 변속기가 캐빈으로 들어오지 않게 하는 역할도 있다고 한다.

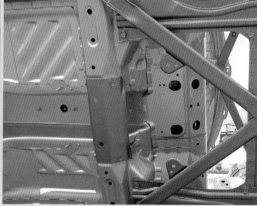

만들어진 S660 보디 부자재 가운데 유일하게 비철금속을 사용한 부위이다. 장착 강성의 확보와 경량화를 양립시키기 위해 여기만큼은 아끼지 않았다고 한다.

그리고 무엇보다 눈길은 끄는 것은 암 길이. 이것이 짧으면 동적 지오메트리 변화가 커지면서 특히나 MR의 구동바퀴에 있어서는 당돌한 오버스티어를 불러오는 것은 MR을 타는데 있어서 상식이다. S660의 리어 서스펜션 암 종류는 레이싱 카 수준이라고는 할 수 없을지라도 시판 차량치고는 이례적으로 긴 편으로 이것만 보더라도 운동성에 특화된 사양이라는 점은 명확해 보인다.

아무리 MR이라고 해도 무게 중심의 높이는 중요하다. 특히 엔진 무게 중심 위치는 운동성의 기본요건인 롤 강성을 좌우한다. 하체주변의 동적 특성 강화와는 반대로 엔진은 베이스인 N시리즈와 똑같은 직립배치이다. 억지로라도 경사배치를 할 수 없었냐고 묻는다면, 2천만 원이라는 가격에 맞추기 위해서는 엔진탑재에 관련해서는 변경하지 못했다고 한다.

이처럼 경자동차에 적합한 가격대를 비롯해 여러 가지 제약은 이 자동차의 여기저기서도 찾아볼 수 있다. 하지만 그런 속박 속에서 어떻게 운동성능을 확보했는지에 관한 창의적 흔적은 그 이상으로 확실하다. S660은 순수 스포츠카로서의 자질을 분명히 갖고 있는 것 같다.

MAZDA ROADSTER(ND형)

「2인승 소형 오픈 스포츠카의 원점회복」을 콘셉트로 삼아 개발한 것이 4세대에 해당하는 신형 로드스터. 이상적인 위치에 사람을 태우고 최소용량으로 설계. 앞뒤 오버행을 줄이는 관계로 충돌 안전 성능을 확보한다는 의미에서의 장벽이 높았다.

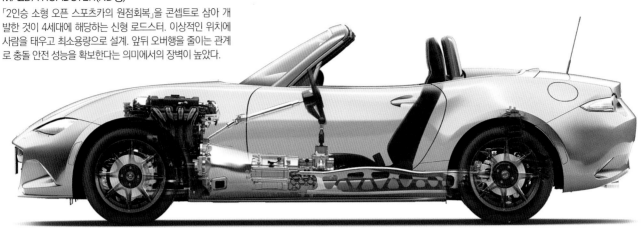

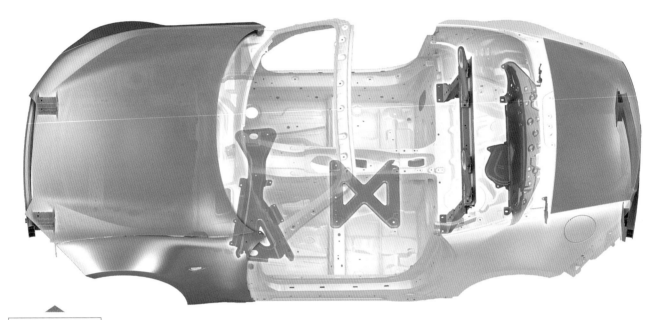

▲ 알루미늄 사용부분

알루미늄은 무게 중심점보다 멀리, 요 관성 모멘트를 작게 하는데 효과가 있는 위치에 사용하면 좋다. 이것이 기본자세. 보닛 후드나 트렁크 리드도 그런 의미에서는 효과가 높은 부위인 것도 있지만 사용자가 손 댈 기회가 많고 가벼움을 실감하기가 쉽다는 점도 고려해(계속) 채택했다. 앞뒤 범퍼 보강재 등은 새롭게 알루미늄으로 바꾸었다.

case 8

Illustration Feature
HYBRID BODY

MAZDA ROADSTER [마쓰다 로드스터]

| Steel | Aluminum | CFRP | Plastic |

990kg까지 가볍게 한
보디와 「강성감(感)」

스틸을 고장력 소재나 알루미늄 소재로 바꾼다고만 해서 알맞게 경량화를 달성하는 것은 아니다.
필요한 충돌 안전성을 확보하면서도 강성에 대해서는 수치뿐만 아니라 감각까지 중시함으로서 경량화와 결부시켰다.

본문 : 세라 고타   수치 : 마쓰다 / MFi

로드스터는 마쓰다가 사내에서 부르는 제6세대 차종들 가운데 6모델 째에 해당한다. 2012년의 CX5 이후, 15년의 CX3까지는 프런트 엔진·프런트 드라이브로서 엔진을 가로 배치로 탑재했다. 그런데 로드스터는 세로 배치이다. 아텐자나 악셀라, 데미오도 지붕이 있지만(클로즈드), 로드스터는 오픈이다. 제6세대 차량들에 공통되는 스카이액티브(SKYACTIVE) 보디에 대한 사상은 계승하지만 당연히 로드스터 고유의 조건에 맞춰 최적화되어 있다.

계승하는 사상이란 예를 들면 기본 골격을 최대한 직선으로 구성하는 「스트레이트화(化)」로서 각 부분의 골격을 협조해서 기능시키는 「연속 프레임 워크」라는 개념이다. 이런 것들은 목적으로 삼은 충돌 안전 성능을 실현하기 위한 필요 강도를 확보할 때 적합한 개념이다. 로드스터는 오픈 보디이기 때문에 프런트 사이드 멤버에서 받은 충격 에너지를 어퍼 쪽의 로드 패스로 전달할 수가 없어서(존재하지 않기 때문에) 로어 쪽 로드 패스에서만 소화해야 한다.

엔진을 전방 미드십에 장착하면 어떻게 되느냐고 물었더니, 충돌 안전 성능 면에서 유리할 것으로 생각하기 쉽지만 실은 가로로 배치한 모델에 비해 「크러셔블 존 공간이 빡빡해진다」고 한다. 이렇게 대답해 준 사람은 파워 트레인을 제외하고 차량시스템의 부품을 담당하고 있는 다카마츠 진(차량개발본부 차량개발추진부)씨이다. 패키징을 철저히 줄이기 위해 오버행을 짧게 했기 때문에 크러셔블 존이 작아져버린 것이다. 공간적으로 타이트한 상황에서 충격 흡수성을 확보하는 브레이크스루(Breakthrough)가 사이드멤버 앞쪽 끝을 십자 단면 형상으로 한 크러시 캔(Crush Can)이다. 축 방향(앞뒤방향) 접이식으로 변형되면서 큰 에너지를 흡수한다. 스카이액티브 보디에 공통적인 기술이지만 「옵셋 성분에 대해 강도가 부족하면 즉각 변형(座屈)을 일으킵니다. 휨이 발생되지 않고 축 직각방향으로만 변형되도록 설계하느라 상당히 애를 먹었죠」(다카마츠 진)라고 한다.

어퍼 방향의 로드 패스가 없는 만큼 강도(強度)를 유지하는 것이 플로어

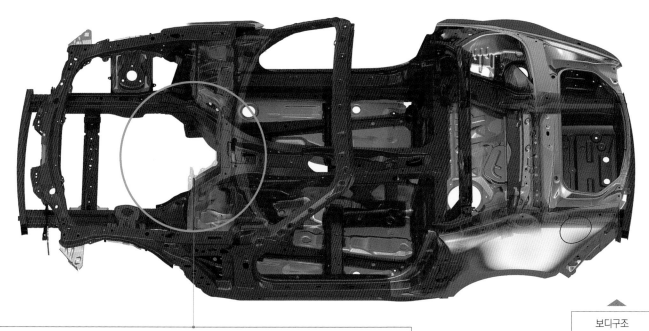

보디구조

CX5 이후의 제6세대 차종들에게 공통되는 설계사상이 기본 골격을 최대한 직선으로 구성하는 「스트레이트화(化)」와 각 부위의 골격을 협조해서 기능시키는 「연속 프레임 워크」 콘셉트이다. 오픈 보디인 로드스터는 프런트 사이드 멤버로부터 어퍼 쪽으로의 로드 패스가 존재하지 않기 때문에 프런트 부분이 Y자형으로 된 백본 프레임이 중요하다.

신형 로드스터
15mm 중앙배치
20mm 중앙배치

ㄷ자형 단면
파워 플랜트 프레임

선대 로드스터

Z자형 단면
파워 플랜트 프레임

탑승객 배치와 센터 터널 / 프레임 구조

적절한 위치에 앉게 하기 위해서 탑승객을 중앙 쪽으로 약간 치우치게 하고 싶었다. 그를 위해서 센터 터널을 가늘게 해야 하는데 그러다 보니까 엔진과 디퍼렌셜을 결합하는 파워 플랜트 프레임이 방해가 된다. 선대에서 Z자형이었던 단면을 ㄷ자형으로 바꿈으로서 슬림화에 공헌하면서도 필요한 강성을 확보하기 위한 최적의 형상을 끌어내는 동시에 중량의 경감 구멍을 최적화해 약 1kg을 줄였다. 특히 세로방향의 휨 입력에 대한 강성이 중요하다. 선대도 알루미늄이었지만 현재 모델도 알루미늄 제품이다

터널을 형성하는 끝이 Y자로 벌어진 백본(Backbone) 프레임이다. 엔진을 후방에 탑재하고 싶지만 프런트 사이트 멤버와 Y자가 연결되는 부분은 크랭크 형상으로 하지 않고 연속적으로 연결하고 싶다. 「그 부분만큼은 철저하게 사수했다」고 강조한다.

강도와 대비되는 강성에 있어서는 「수치」가 아니라 「감(感)」을 중시했다. 즉 강성감이다.

「강도는 물리적으로 정해집니다. 나머지는 입력방향을 얼마만큼 정확하게 파악하느냐에 있죠. 강성이 도달하는 곳은 강성감입니다. 때문에 1차 휨(굴절)이라든가 토션(비틀림) 방향 같은 기계적인 강성값을 높이려는 접근방식은 피했던 겁니다」

이것도 마쓰다의 제6세대 상품들에 공통되는 사상이다. 핵심을 이루는 것은 변위(變位).

「전방으로 조향각도가 들어가면 코너링 포스가 발생합니다. 이것만으로는 앞쪽이 돌기만 할 뿐이기 때문에 리어 타이어까지 전달이 됩니다. 전달함수적으로 생각하면 아무래도 지연이 따르지만 그 지연이 적절하기만 하다면 단단한 강성감을 느낄 수 있죠. 여기에는 토션 방향이나 휨의 강성값은 별로 관계가 없고 서스펜션이 원활하게 움직여 주느냐가 중요합니다. 상향방향의 입력은 서스펜션 타워의 최상부 부분으로 들어오고 가

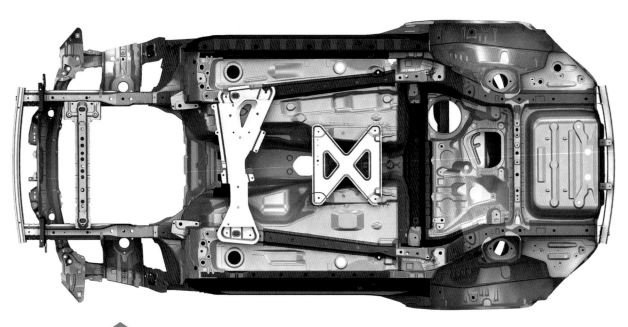

고장력 강재의 사용부위(아랫부분)

보디 셸 무게는 선대에 비해 약 20kg이 가벼워졌다. 고장력 강판, 초고장력 강판, 알루미늄 소재의 사용비율은 선대 모델이 58%였던데 반해 71%로 확대. 270MPa 스틸, 390·440MPa, 780MPa, 고장력 소재의 사용비율은 줄어들고 590MPa, 1500MPa 고장력 소재의 사용비율은 늘어났으며, 980MPa, 1180MPa 고장력 소재는 새롭게 사용.

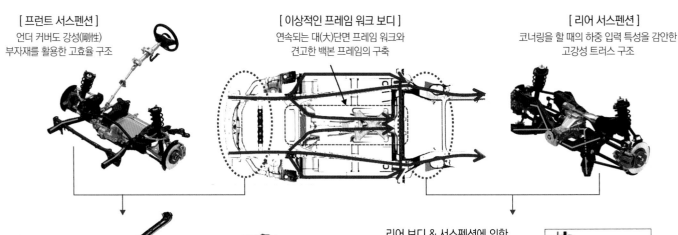

[프런트 서스펜션]
언더 커버도 강성(剛性) 부자재를 활용한 고효율 구조

[이상적인 프레임 워크 보디]
연속되는 대(大)단면 프레임 워크와 견고한 백본 프레임의 구축

[리어 서스펜션]
코너링을 할 때의 하중 입력 특성을 감안한 고강성 트러스 구조

프런트 보디 & 서스펜션에 의한 멀티 프레임화(化)
서스펜션의 크로스 멤버(井자 형상의 프런트 쪽 2곳)에 프런트 사이드 멤버 끝 부분의 크러시 캔에 해당하는 충격 흡수 역할을 갖게 했다. 이에 관해서는 서스펜션 전문가들과 보디 전문가들이 태스크 팀을 결성해 개발에 임했다.

리어 보디 & 서스펜션에 의한 대각선 강성의 향상
보디 프레임 일부를 리어 서스펜션 크로스 멤버 일부로 활용하고, 그것을 트러스 형상으로 함으로서 경량화하면서 리어 주변의 비틀림 강성을 향상시켰다. 전방과 마찬가지로 보디 쪽과 섀시 쪽 격벽을 제거하고 개발. 어떤 구조로 만드는 것이 가장 효율이 높은가 하는 관점에서 설계.

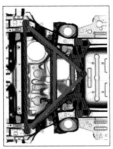

로방향은 로어 및 어퍼 암 쪽에서 들어옵니다. 이 부분을 국소적으로 필요한 강성을 확보해 주면 다른 부분은 기존에 생각했던 것만큼 높은 강성이 필요 없습니다. 운전자든 동승자든 상관없이 사람이 자동차의 무게를 느끼지는 않죠. 무거운 자동차의 변위량과 가벼운 자동차의 변위량이 똑같을 때는 강성감도 똑같이 느끼게 됩니다」

로드스터의 경우 운전자가 요 센터에 가까운 위치에 앉아 있기 때문에 물리적 변위량을 느끼기가 힘들다. 이렇게 표현하면 어폐가 있을지도 모르지만 모자라지도 그렇다고 넘치지도 않게 강성 정도를 느낄 수 있는 패키지이다.

로드스터는 이렇게 필요한 부분에만 필요한 강성을 확보했기 때문에 그 이외의 부위는 판 두께로 의존하지 않아도 되었다. 강성값 확보는 판 두께에 의존하는 부분이 큰 편인데 그런 방법에 의존하지 않아도 되었기 때문에 고강성 소재의 사용범위를 넓혀 경량화를 추진할 수 있었다.

이 자동차는 합리적인 가격으로 팔겠다는 목표가 설정되어 있기 때문에 고가의 알루미늄을 사용하는데 있어서는 신중했다고 한다. 다만 「질량을 내려 경쾌하게 만든다」는 목표가 있었기 때문에 균형이 문제가 되었다. 알루미늄을 사용할 경우 차량 운동 성능 상 효과가 높은 위치(즉 무게 중심점에서 멀게)에 배치하겠다는 원칙을 세웠다고 한다.

고장력강 사용부위(윗부분)

「필요한 부분에 필요한 강성이 있으면 된다」라는 생각을 보디 설계에 반영. 타이어~서스펜션으로부터의 입력을 받는 프런트 댐퍼 마운트 부분과 서스펜션 연결 부분을 사이드 실, 힌지 필러와 연결해 환상(環狀)의 구조로 만듦으로써 서스펜션의 지지강성을 향상시켰다.

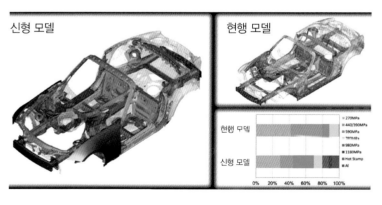

신형 모델

현행 모델

현행 모델		
신형 모델		

0% 20% 40% 60% 80% 100%

■ 270MPa
■ 440/390MPa
■ 590MPa
■ 780MPa
■ 980MPa
■ 1180MPa
■ Hot Stamp
■ Al

트렁크 리드는 선대와 똑같은 알루미늄 소재를 사용. 손으로 올렸을 때 「가볍다」는 느낌을 실감할 수 있게 하려는 의도도 담겨 있다. 고속으로 회전하는 장비를 밀어붙여 거기서 발생하는 마찰을 통해 인접한 소재를 뒤섞는 방법으로 접합하는 마찰 교반 접합 흔적이 보인다.

고장력 소재·핫 스탬핑 소재 사용부위

선대 로드스터는 프런트 범퍼 보강재로 핫 스탬핑 소재를 사용했지만 신형에서는 알루미늄 소재(7,000계)로 바꾸어 앞뒤 합쳐서 3.6kg을 경량화. 신형은 백본 프레임의 두 갈래 부분에 핫 스탬핑 소재를 사용. 그 이외의 백본 프레임은 590MPa으로 바뀌었다(선대는 390·440MPa를 사용). 사이드 실은 390·440MPa→1,180MPa로 변경.

주요 알루미늄 소재 사용부위

▨ : 현행 모델에서의 사용
□ : 새롭게 사용

주요 알루미늄 소재의 사용부위

신형은 프런트의 너클도 알루미늄화. 큰 충격이 들어오는 프런트 너클의 알루미늄화는 개발 장벽이 높았다고 한다. 루프 톱의 알루니늄화는 강성의 향상이 목적으로 주행 중의 공기의 박리로 인한 소음을 줄이는 것과 개폐조작을 편하게 하는 것이 목적.

기초 소재 & 기술 트렌드

스틸

—————— Steel ——————

자동차 보디의 「헌법」으로서의 지위를 유지할 수 있을까

현재 상태에서 보는 한에는 시판 승용차에 복합소재를 사용하는 경우는
극히 일부 모델에 지나지 않는다.
자동차 보디 기술을 100년 동안 이끌어 온 「강(鋼)」이 다음 시대를 향해서도
새로운 활동을 준비하고 있다.
본문 : 마키노 시게오 수치 : 다이하쓰 / 혼다 / 닛산

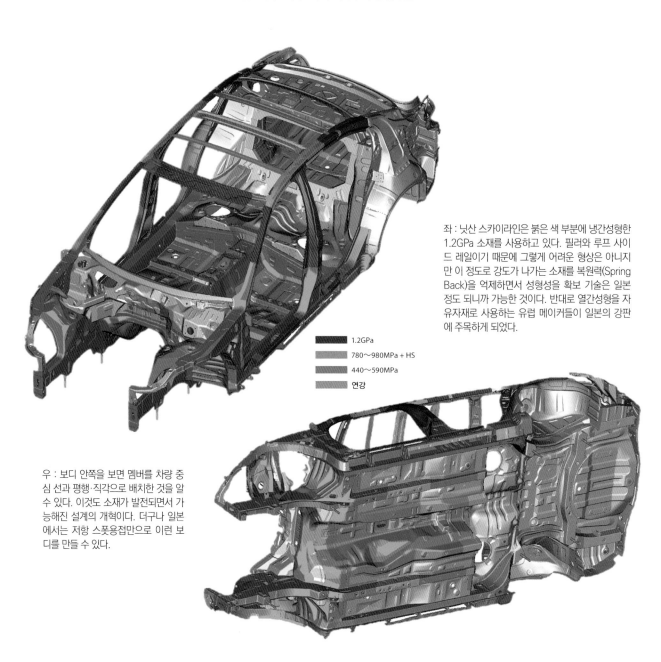

좌 : 닛산 스카이라인은 붉은 색 부분에 냉간성형한 1.2GPa 소재를 사용하고 있다. 필러와 루프 사이드 레일이기 때문에 그렇게 어려운 형상은 아니지만 이 정도로 강도가 나가는 소재를 복원력(Spring Back)을 억제하면서 성형성을 확보 기술은 일본 정도 되니까 가능한 것이다. 반대로 열간성형을 자유자재로 사용하는 유럽 메이커들이 일본의 강판에 주목하게 되었다.

- ■ 1.2GPa
- ■ 780~980MPa + HS
- ■ 440~590MPa
- ■ 연강

우 : 보디 안쪽을 보면 멤버를 차량 중심 선과 평행·직각으로 배치한 것을 알 수 있다. 이것도 소재가 발전되면서 가능해진 설계의 개혁이다. 더구나 일본에서는 저항 스폿용접만으로 이런 보디를 만들 수 있다.

자동차 보디에 사용되는 강판의 발전은 강도와 성형성의 술래잡기 같았다. 일본에서 충돌안전기준이 도입되면서 1993년에는 전면 풀 랩(Full Lap) 충돌시험이 의무적으로 실시되는데 이 전후로 해서 자동차 설계가 크게 바뀐다. 그리고 전면 옵셋 충돌시험 항목이 추가되어 충돌할 때 캐빈(차량 실내)의 변형을 막아낼 필요성이 높아진 시점에서 보디 강판에 「높은 강도」를 발휘하면서 「손쉬운 성형성(成型性)」까지 요구되었다. 이것은 「단단하면서도 부드러운 강판」이라고 하는 완전히 이율배반적인 요구이지만 이후 약 20년 동안 철강 메이커는 오로지 이 이율배반과 술래잡기를 해 왔다. 현재는 고장력강(High Tensile Steel)의 전성시대이다. 현재 보디 강판으로 사용되는 강판 가운데 가장 고강도인 강판은 이 이상의 힘으로 당기면 찢어진다는 한계점을 나타내는 인장강도 기준으로 1.8GPa(기가 파스칼) 정도로서 마쓰다가 범퍼 빔에 사용한 것이 최초이다. 형상은 극히 단순한 판 형태이다. 보디 골격용으로 요철(凹凸)이나 휨 등 복잡한 형상으로 성형되는 강판 가운데서는 미리 강판에 열을 가해 성형하기 쉽도록 하는 열간성형(핫 스탬핑)으로 만든 1.5GPa가 가장 고강도이다. 애초에 열간성형 강판의 원래 강도는 300~400MPa 정도이다. 강판의 강도를 바꾸지 않고 성형하는 냉간프레스(통상은 이 방법)에서는 닛산이 스카이라인과 인피니티 Q50부터 사용하기 시작한 1.2GPa 소재가 최고 강도이다.

신일철주금 전문부서에 현재의 자동차용 강판에 대해 몇 가지 궁금한 것을 물어보았다. 가장 궁금했던 「과연 앞으로 강판의 강도는 어디까지 높

아질까」에 대해 질문을 던졌다.

「단순히 강도만 따진다면 2GPa이든 3GPa까지도 갈 겁니다. 다만 충돌하면 깨지는 문제가 있죠. 이것이 허용된다는 전제라면 2G 이상도 제안할 수 있습니다. 문제는 성형성입니다. 과거에 우리는 강도를 추구하는 과정에서 성형성은 2~3단계 떨어지는 강도의 강판과 비슷한 정도를 확보하겠다는 개발을 해 왔는데 이미 1.2GPa을 냉간성형할 수 있는 상태이기 때문에 다음 순서는 당연히 1.3G, 1.4G입니다」

복합소재화에 대해서는 어떻게 보고 있을까. 이것은 알루미늄이나 수지가 강재(鋼材)의 점유율을 뺏는 것이기 때문에 철강진영 입장에서는 중대한 사태라고 생각된다.

「확실히 중대한 상황이기는 합니다만, 언제까지나 철강이 독점적인 상태를 유지할 수는 없을 거라 생각합니다. 경량화에 대한 요구는 시대적인 요구이니까요. 그런 속에서 자동차 메이커가 알루미늄이나 CFRP를 선택해 나간다면 우리로서는 다른 소재와 공존하는 방법에 대해 생각해야 한다고 봅니다. 접합입니다. 강과 다른 소재를 잘 붙여서, 예를 들면 녹이 잘 생기는 알루미늄이 녹슬지 않도록 강 쪽에서 케어 한다든지 하는 방법으로 말이죠. 이미 그런 솔루션도 개발 중입니다」

강(鋼)의 입장에서 알루미늄이나 CFRP는 위협적인 존재일까.

「노동력이 들어간다고는 하지만 큰 물건을 하나로 성형할 수 있는 CFRP는 위협이 되죠. 하지만 생각을 바꾸면 강철도 가능한 큰 부위에서 일체화하는 방법을 개발하면 되는 겁니다」

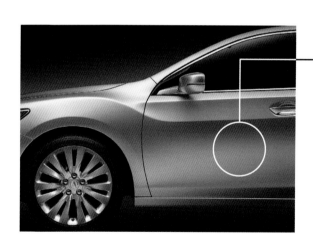

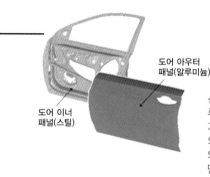

도어 아우터
패널(알루미늄)

도어 이너
패널(스틸)

신일철 시대에 개발한 슈퍼 다이머는 알루미늄과 같이 사용해도 그다지 전위차가 나지 않도록 하는 한편, 최종적으로는 외판의 알루미늄을 지킬 수 있도록 강판의 「관록」을 보여준 소재이다. 덮개 종류만 알루미늄화하는 기술이다.

다이하쓰의 웨이크는 보디 외판의 판 두께를 기존보다 늘리고, 늘어난 만큼 골격 소재를 줄이는 방법의 역발상으로 설계되었다. 외판을 얇게 하는 기존 방법과는 완전히 다른 갑각류 같은 크랩 셀(게의 껍질) 구조이다.

완전 동감이다. 과거에 취재했던 구(舊) 다임러 벤츠나 볼보 카즈의 보디 기술자들은 발상이 유연했다. 몇 년 전에 내가 「앞으로의 자동차는 강재를 사용해 큰 물체를 일제 성형하는 방향으로 나아가지 않을까」라고 물어본 적이 있는데 그에 대한 대답 중에 「TB(Tailored Blanks)가 그런 방법 중 하나입니다」「단면(端面) 맞추기가 아니라도 TB가 가능합니다」라는 이야기가 있었다.

「분명히 TB는 증가할 것으로 생각합니다.

2장을 겹치게 한 TB도 가능성이 있습니다. 연강과 780급 고장력의 두께 차이를 맞추는 식으로 말이죠. 우리도 실제로 연구하고 있는 영역입니다」

그리고 내가 궁금해 하는 금형기술이 일본주금에는 있다. 상세한 것은 아직 확실하지 않지만 금형표면을 냉각하는 기술이다.

「이미 실용화되어 있습니다. 금형표면에 요철을 만들어 요(凹) 부분에 물이 흐르도록 한 금형입니다. 철(凸) 크기는 직경 2~5mm 정도로서 냉각 방법을 부분마다 바꾸는 겁니다. 요는 냉간성형의 공정 작업시간(Takt Time)을 높이는 기술입니다」

또 하나. 미국 포드가 풀 사이즈 픽업의 보디를 알루미늄으로 바꿨다.

「당연히 우리도 스터디를 하고 있습니다. 반면에 룩셈부르크의 아르셀로미탈 회사는 강재를 사용해도 200kg 가깝게 무게를 줄일 수 있었다는 프레젠테이션을 하기도 했습니다. 자동차 1대에서 판재 1t을 사용하는 경우니까 역습이라고나 해야 할 까요」

이것은 사견이지만 자동차 보디를 단가를 낮추고 가볍게 하기 위해서 강재가 중심이 되어 지금의 「헌법해석」을 유연하게 해야 한다고 생각한다. 강재와 알루미늄. 강재와 수지. 항상 강재가 중개를 하겠다는 자세가 하이브리드 보디로의 연착륙이라는 의미에서는 가장 바람직하다고 생각한다. 일본은 우수한 소재를 싸게 구할 수 있었기 때문에 자동차 메이커는 부분 최적화와 그 실현을 위한 생산기술만 생각해 왔다. 유럽은 「대단하지 않은 소재를 최대로 활용」하기 때문에 유연한 발상이나 조금은 난폭하다고 생각될 만큼 도전적으로 임해 왔다. 일본풍과 유럽풍이 한 지점에서 만나게 되면 재미있는 결과가 나올 것 같은 느낌이다. 그런 중개역할을 할 만한 소재가 강(鋼) 말고는 없을 것이다.

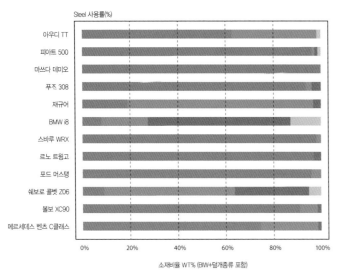

Steel 사용률(%)

소재비율 WT% (BIW+덮개종류 포함)

Steel
Aluminum
Plastics
Other Materials

Euro Car Body 2014
출전차량의 소재구성

매년 독일에서 개최되는 「유로 카 보디」에는 각 회사가 자신하는 신작을 전시하면서 보디 설계를 프레젠테이션한다. 이 그래프를 봐도 알 수 있듯이 일본 메이커들은 강재를 많이 사용한다. 강재 일변도라고 할 수 있다.

프로필

미즈구치 도시나오
신일철주금 주식회사
자동차강판 영업부
자동차강판 상품기획실 상석주간

후쿠이 기요유키
신일철주금 주식회사
자동차강판 영업부
자동차강판 상품기획실 상석주간

고지마 고지
신일철주금 주식회사
자동차강판 영업부
자동차강판 상품기획실장 겸
박판기술부 상석주간

CX3의 보디 구조와 소재

캐빈 주변의 강도를 확보할 수 있도록 고장력강으로 환상 구조를 채택한 것은 정석대로이다. 특히 A필러와 B필러가 접속하는 부분의 사이드 멤버에는 1,180MPa 소재를 사용했다. 프런트 패널에도 440MPa 소재를 사용. 휨 강성을 높이기 위해 프런트 패널과 사이드 멤버를 높이는 한편, 충돌이 발생했을 때는 프런트멤버로부터 들어오는 충격을 바닥의 종관(縱貫) 멤버와 사이드 실로 전달함으로서 충격을 흡수한다. 프런트 범퍼 빔에는 과감히 1,800MPa 소재를 사용했다.

CX3 보디 구조와 소재

■ 780MPa 이상
■ 590MPa
■ 440MPa 이하

case 9

Illustration Feature
HYBRID BODY

MAZDA CX-3 [마쓰다 CX-3]

| Steel | Aluminum | CFRP | Plastic |

데미오를 SUV로 변신시키기 위한 연구

전 세계에서 B세그먼트 크로스오버 차량이 인기를 끌고 있다. 스카이액티브를 앞세워 진격 중인 마쓰다도 데미오 플랫폼을 이용한 신형 차량을 투입해 왔다. CX3로 부르는 차량의 보디에 대해 살펴본다.

본문 : MFi 수치 : 마쓰다

■ 접합 연구

■ 웰드 본드 접합부분
■ 스폿용접 접합부분

스폿 타점 사이에 접착제를 도포하고 점에 대해 면으로 접합함으로서 CX3가 지향하는 높은 감쇠감과 정숙성을 실현한다. 구체적으로는 리어 휠 하우스 접합면과 대시 로어. 대시도어에는 유리창의 물이 흐르게 하는 용도도 있기 때문에 접착공법이 크게 기여했다. 스폿 추가는 판 압력에 의해 최소 타점 간 거리가 정해지기 때문에 최대한 좁혀서 이루어진다.

■ 강도부품 추가

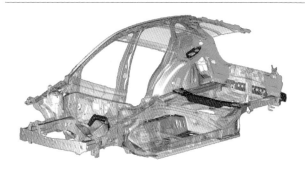

데미오에 비해 중량과 무게 중심이 높아졌기 때문에 보디를 더 보강했다. 적색이 CX3 고유의 보강 부분이고 녹색은 데미오에도 있는 부품(CX3에서는 소재나 형상이 변경됨). 플로어 터널 앞쪽 끝 면에 열리는 방향의 움직임을 억제하기 위한 브레이스를 추가. 후방 휠 하우스도 서스펜션 장착부분에서 비스듬한 방향의 변형이 생기지 않도록 사이드 멤버를 추가했다.

■ 정숙성 추구

큰 소음이 들어오는 바닥이나 바닥 터널, 휠 하우스 등의 부위는 판 두께를 한 단계 내지 두 단계 높임으로서 근본적으로 소음의 차단에 힘썼다. 더불어서 진동억제 소재를 바닥이나 토 보드에 도포(위). 이밖에 측정기를 이용하면서 도어 패널 종류에 흡음재를 붙여(아래) 경쟁차량에 비해 뛰어난 정숙성을 실현했다.

■ SUV에 대한 대처

마운트 포인트

기어비의 최적화

서브 프레임의 연결부위는 대략 25mm 상승. 판 두께 늘리고 형상의 개량을 통해 강도를 확보하는데 주력했다. 데미오보다 고속에서의 직진 안정성을 도모하기 위해 스티어링의 기어비를 약간 크게 변경함으로서 과민한 움직임을 억제시켰다. 이밖에 전방 로어 암을 트레드가 넓어진데 맞춰 새로 설치하고, 롤 센터를 높여 차량 무게 중심에 가깝게 했다.

CX3와 데미오의 치수비교

	CX-3	デミオ
전장	4275mm	4060mm
전고	1765mm	1695mm (2WD)
축간	2570mm	
중량	1240-1330kg	1030-1220kg

히프 포인트가 올라간 부정적 요인을 해소하기 위해 상기 대책을 실시했다. 뒷좌석은 앞쪽보다 37mm 히프 포인트가 높게, 20mm 만큼은 우레탄 두께로 대처. 신체 압력을 균일하게 분포되게 함으로서 쉽게 피곤해지지 않는 시트를 만들어냈다.

큰 호평을 얻고 있는 데미오의 뒤를 이어 데뷔한 CX3. SUV 고유의 험로 주파성보다 시내 주행에서의 쾌적성을 중시해서 만들었다는 인상이 강하다. 가솔린 사양 데미오는 고부하 영역에서 리어 서스펜션의 움직임에 약간의 불안을 줄 때도 있지만 CX3는 데미오에 비해 파워 플랜트의 토크가 크고(200Nm 이상), 무게도 늘어났기 때문에 보디 & 섀시가 강화되었다. 동승석에 앉아서 업다운이 많은 시내와 고속도로를 달리다가 일부는 직접 운전해 보디와 섀시를 확인해 보았다. 보디는 앞서의 여러 가지 대책에서 볼 수 있듯이 많은 수단을 강구했기 때문에 도어의 개폐 등과 같은 정적상태, 선회할 때 등의 동적상태 모두 견고하다기 보다 부드러운 인상

이다. 무게 중심을 높인데 따른 차량 움직임의 불안정을 불식시켰다고 하는 각종 시책이 효과를 발휘하면서 스티어링 조작에 대한 뛰어난 조향성은 운전하는 동안에도 기분을 좋게 한다. 디젤엔진 일부사양에 투입된 정숙성 대책을 비롯해 진동소음에도 많은 신경을 쓴 것 같다. 앞좌석에서의 인상이 예전의 디젤엔진차를 아는 사람들에게는 놀랄 만큼 차분하기 때문이다. 하지만 한편으로 단차를 넘을 때나 고속으로 주행할 때의 노면 요철 흡수 등에 있어서는 승차감이 불편하고 특히 리어 서스펜션의 과도 영역에서의 움직임이 약간 거슬리기도 하다. 어쨌든 이런 부정적 요소는 섀시부품 때문이지 보디에 기인하는 것은 아니다. 탄탄한 보디를 가진 만

비틀림 강성계수는 40%, 휨 강성계수는 30%향상

알루미늄을 사용한 곳은 보닛 후드뿐.
BIW 중량의 반을 연강으로 채운「강도보다 강성」을 중시한 설계는 요즘에는 보기 드문 정통파이다.

본문 : 마키노 시게오 수치 : 스바루

SUBARU WRX [스바루 WRX]

| Steel | Aluminum | CFRP | Plastic |

case 10

Illustration Feature
HYBRID BODY

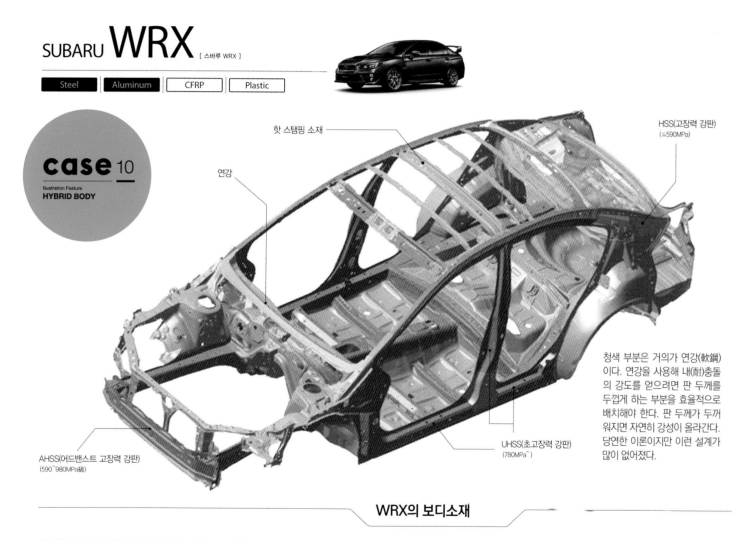

핫 스탬핑 소재

연강

HSS(고장력 강판)
(≦590MPa)

AHSS(어드밴스트 고장력 강판)
(590~980MPa級)

UHSS(초고장력 강판)
(780MPa~)

청색 부분은 거의가 연강(軟鋼)이다. 연강을 사용해 내(耐)충돌의 강도를 얻으려면 판 두께를 두껍게 하는 부분을 효율적으로 배치해야 한다. 판 두께가 두꺼워지면 자연히 강성이 올라간다. 당연한 이론이지만 이런 설계가 많이 없어졌다.

WRX의 보디소재

큼 앞으로 부시를 통한 보안이 매우 기대되는 자동차이다.

WRX의 보디를 보면 언뜻「시대에 역행하는 것 아닌가?」하는 생각이 든다. 하지만 잘 들여다보게 되면「이것이야 말로 정통파」라고 생각하게 된다. BIW 가운데 알루미늄을 사용하는 것은 보닛 후드뿐으로 다른 곳은 전부 강재이다. 더구나 고장력강 비율도 요즘 자동차들과 비교해 낮은 편으로 BIW 중량의 51%를 연강이 차지하고 있다. 즉 강판강도에 욕심 부리지 않고 두께가 두꺼운 연강을 사용함으로서 이것을 일본이 자랑하는 저항 스폿 용접으로 튼튼히 연결한다. 그런 보디인 것이다.

소재에서 특징적인 것은「중복 열처리」한 열간성형(핫 스탬핑=HS) 소재를 A필러에 사용하고 있다는 점이다. 일본에서 발표한 자료에는 기재돼지 않았지만 유로 카 보디 2014에서 후지중공업이 프레젠테이션하면서 알려진 것이다. 단, HS는 340MPa(인장강도)급 강재를 가열성형한 다음 이것을 냉각하여 최종적으로 고강도를 얻는 방법이다. 일본에서 발표한 자료 가운데「연강」으로 기재되어 있어도 틀린 것은 아니다. 후지중공업은 강판 2장을 겹쳐서 사전에 스폿 용접한 패치워크(Patchwork) 형태의 강판을 HS로 접합강도를 높였다.

전방 사이드 멤버는 중간위치에서 판 두께가 달라지는 TB(Tailored Blank)이다. 모재는 590MPa이지만 후반부분을 두껍게 해 충돌할 때 이미 여기저기서 소개한 바와 같이 보디 아랫면의 적색부분이 중점적으로 보강한 부위이다. 다만 이런 판을 보강하는 것만으로 보디의 강성이 올라가지는 않는다. 설계자만 아는 세세한 노하우가 많이 들어가 있다.

플로어 팬, 토 보드의 판 두께 향상

리어 프레임과 프런트 플로어, 사이드 실과의 결합부분 강화

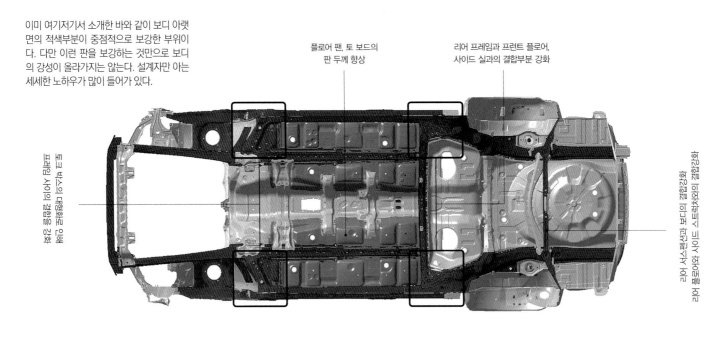

토 보드와 프런트 필러 사이의 결합을 강화

리어 프레임과 사이드 실과의 스트럭처 사이의 결합강화

바닥 아래 부자재의 보강

A필러 주변과 프런트 벌크의 보강(補剛)

프런트 서스펜션, 프런트 프레임, 사이드 스트럭처의 결합구조를 다시 손봐 프런트 스트럭처의 강성을 높였다. 구체적으로는 A필러를 연결하는 부자재를 배치한 외에 A필러 로어의 보강재 구조를 변경하는 등으로 이루어졌다.

리어 셀프의 보강

리어 셀프(Shelf) 주변의 강성을 높여 보디 변형을 억제.

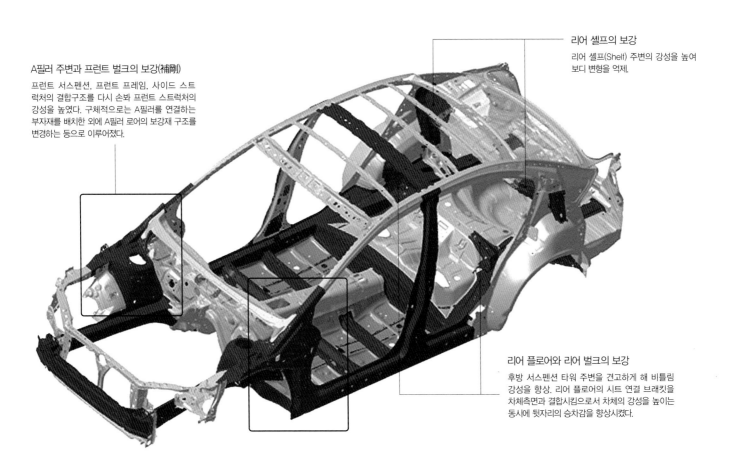

리어 플로어와 리어 벌크의 보강

후방 서스펜션 타워 주변을 견고하게 해 비틀림 강성을 향상. 리어 플로어의 시트 연결 브래킷을 차체측면과 결합시킴으로서 차체의 강성을 높이는 동시에 뒷자리의 승차감을 향상시켰다.

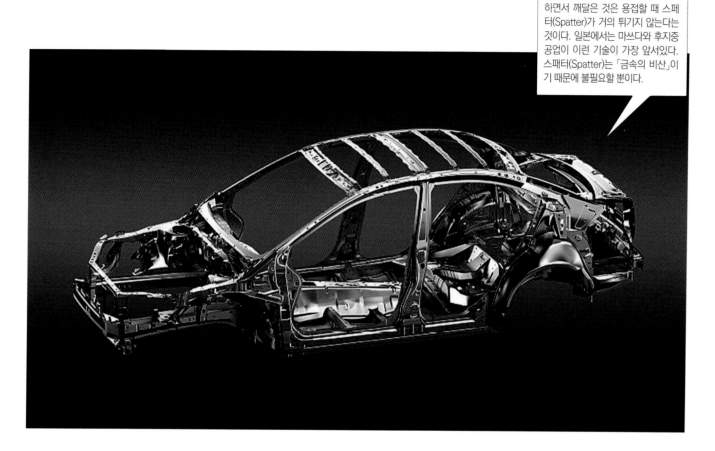

후지중공업의 보디 용접 라인을 견학하면서 깨달은 것은 용접할 때 스페터(Spatter)가 거의 튀기지 않는다는 것이다. 일본에서는 마쓰다와 후지중공업이 이런 기술이 가장 앞서있다. 스패터(Spatter)는 「금속의 비산」이기 때문에 불필요할 뿐이다.

의 변형을 제어한다. A필러 바닥부위의 도어 쪽은 스폿용접 타점거리를 12.5~15mm라고 하는 믿을 수 없는 숏 피치 용접으로 하고 있다. 이렇게까지 타점을 촘촘히 하면 전류가 분류(分流)되면서 이미 붙어 있는 타점이 떨어질 우려가 있지만, 전위값 변화의 상세한 모니터링을 통해 해결한 것 같다. 또 한 가지, A필러 바닥부위의 휠 하우스 쪽 이너를 바깥쪽

에서만 더 스폿용접을 했다. 끝 부분 폭이 좁은 팁을 이동시켜가면서 전류를 펄스상태로 흘려 연속적으로 용접하듯이 작업한 것이다. 모두 다 평범한 기술이지만 보디 성능에는 나타난다. WRX의 비틀림 동강성은 44.2Hz로 높은 편으로서 고장력강이나 HS를 많이 사용한 모델과 비교해도 손색없는 계측수치를 나타내고 있다.

기초 소재 & 기술 트렌드

수지

—— Plastic ——

경량화를 위한 수지화(化), 핵심은 플러스의 부가가치

금속이나 카본 등과 비교했을 때 플라스틱은 「자동차의 구조 부자재」로서의 이미지가 약한 편이다.
하지만 실제로는 상상 이상으로 자동차 각 부분이 수지로 대체되고 있다.

본문 : 마키노 시게오　수치 : 다이하쓰 / 혼다 / 닛산

PBT(폴리부틸렌 테레프탈레이트)

BMW i3의 CFRP에 끼워서 사용

BMW i3의 리어 쿼터 패널에는 CFRP(탄소섬유 강화수지)를 사용하고 있는데 강도를 확보하기 위해 이너 셀과 아우터 셀 사이의 구조 부자재로 BASF제품의 PBT(Polybuteneterephtalate)가 들어가 있다. 카본이 뛰어난 강성을 자랑하기는 하지만 복합화를 통해 압축강도를 높일 수 있다. 충돌할 때의 내(耐)하중성, 다양한 기후조건 하에서의 치수 안정성, 그리고 대(對)좌굴성 등을 감안해 가장 적합한 Ultrabur B4040G6이라고 불리는 PBT를 사용한 것이다. 기존의 알루미늄 허니콤을 대체한 가장 큰 이유는 PBT의 장점인 경량화에 있다. 나아가 필요한 부위에 효과적으로 배치할 수 있기 때문에 간소화와 단가 하락에도 기여한다.

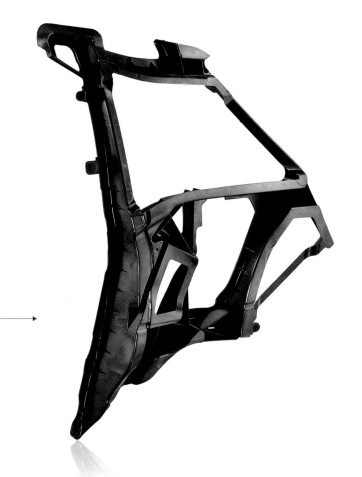

수지화(化)로 얻을 수 있는 가장 큰 이점은 말할 것도 없이 경량화에 있다. 예를 들자면 현행 VW 골프의 전방 엔드 모듈은 2,200g으로 강철이었던 선대에 비해 350g이나 가벼워졌다. 또한 smart forvision concept용 수지 휠은 일반적인 알루미늄 휠에 비해 1개당 3kg이 가볍다. BASF의 스톨튼씨에 따르면 「회전체의 경량화는 다른 부품보다 1.6배의 효과가 있을 뿐만 아니라 휠이 가볍다는 것은 그것을 지지하는 스트럿 마운트 등도 경량화할 있다는 의미이기 때문에 파급되는 효과가 꽤나 많습니다」.

「한편으로 스틸이나 알루미늄, 카본 같은 다른 소재들도 하루가 다르게 발전하고 있기 때문에 경량화만으로 어필하기에는 부족한 것도 사실입니다. 플러스알파의 가치가 있어야 하는 것이죠」라고 말하는 오누마씨. 여기에 바우매트씨가 덧붙인다.

「그런 의미에서 가장 먼저 얘기할 수 있는 것이 성형가공의 용이성입니다. 금속으로는 흉내낼 수 없는 복잡한 형상의 가공이 가능하기 때문에 작은 리브(Rib) 등을 곳곳에 설치해 강도나 안전 성능을 높일 수 있습니다. 필요에 따라 결이 고운 설계가 가능한 것이죠. 즉 이것은 단가를 낮추는 것으로도 연결이 됩니다. 이런 측면과는 달리 수지끼리 접합하는 웰드 라인은 유리섬유가 흐트러지기 때문에 아무래도 그 부분의 강도가 떨어지게 됩니다. 웰드 라인을 어디로 가져가느냐는 문제가 중요한데 BASF에서는 울트라 심이라고 이름붙인 시뮬레이션 툴을 이용해 최적의 유리섬유 배열을 계산하고 있습니다. 그것이 가능해졌을 때 비로소 재료의 변경이 진행되었다고 바꿔 말할 수 있겠죠」

다음으로 거론할 수 있는 것은 NVH(Noise, Vibration and Harshness)의 개선효과다. 엔진 마운트(토크 로드), 변속기를 지지하는 멤버 그리고

TPU(열가소성 폴리우레탄 탄성 중합체)

2014년에 유럽에서 발매된 시트로엥 C4 칵투스(시기는 미정이지만 일본에도 도입 예정)의 보디 사이드나 앞뒤 범퍼에는 「에어 범프」로 명명된 특징적인 수지 패널이 장착되어 있다. 이것은 BASF제품인 TPU(Thermal PolyUrethane elastomer)를 사용한 것이다. 첫 번째 목적은 디자인상의 연출에 있지만 그것뿐이라면 BASF 제품에 구애받을 필요는 없을 것이다. 실물을 만져보면 알 수 있지만 이 에어 범프는 세게 눌러도 폭

하고 들어갔다가 다시 원래대로 복원될 뿐만 아니라 상처가 잘 안 난다. 교환이 쉽다는 것도 운전자에게는 이익일 것이다. 컬러 종류도 풍부해서 선택의 폭이 넓다. 「프랑스에서는 범퍼를 부딪쳐가면서 일자로 주차」한다는 말을 자주 듣는데, 그런 나라의 자동차답게 디자인 측면과 실용적인 측면을 겸비한 시도인 것이다.

시트로엔 C4 Cactus의 에어 범프

수지 휠

이 제품은 콘셉트 카 「smart for vision concept」를 위해 개발된 수지 휠이다. 일반적인 알루미늄 휠에 비해 개당 3kg을 가볍게 할 수 있다고 한다. 허니콤 구조를 통해 충분한 강성과 강도를 확보하고 있다.

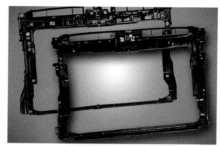

위 사진은 폴리아미드 제품으로 바뀐 현행 VW 골프의 프런트 엔드 모듈. 스틸 제품이었던 선대 골프의 2,550g에서 2,200g으로 가벼워졌다. 아래 사진은 BMW 5시리즈의 변속기를 지지하는 멤버로서 이것도 수지로 바뀌고 있다.

프로필

미즈구치 도시나오

BASF 동남아시아 총괄본부
아시아태평양지역
퍼포먼스자재사업본부
신규시장개발 책임자

오누마 히사시t

BASF 저팬
기능성재료 총괄본부
퍼포먼스자재사업부
테크니컬&신규시장개발
시니어 매니저

매시 스톨튼

BASF 저팬
기능성재료 총괄본부
퍼포먼스자재사업부
이사

앞서 언급한 휠 등 경량화뿐만 아니라 NVH의 개선으로 이어질 수 있는 부위가 많다.

토크 로드에 관해서 조금 더 구체적으로 설명하자면, GM의 어떤 모델 같은 경우 수지화를 통해 35%의 경량화를 달성했다. NVH 억제에도 효과가 큰 부위인데다가 열이 잘 통하는 금속에 비해 수지는 열이 통하지 않기 때문에 고무로 열을 전달하지 않는다. 결과적으로 고무 부품의 노화를 억제하는데도 기여하고 있다고 한다.

수지의 자유로운 설계, 뛰어난 충격 흡수성을 살린 사례로서 시트로엥 C4 칵투스에 사용된 에어범프(Airbump)가 눈길을 끈다. 상세한 것은 이 페이지 상단의 해설을 참조하길 바라며, 이것도 수지의 가능성 한 가지를 보여주는 사례라고 할 수 있다.

외판 부품에 있어서 걱정이 되는 것은 내(耐)부식성인데 현재는 분자구조

의 개선과 첨가제를 조합해서 자동차 환경에 맞는 충분한 성능을 확보하고 있다고 한다. 당연히 자동차 메이커의 검사도 철저하다. 수지 부품은 몇 년 지나면 하얗게 변한다든가, 그러면서 가루가 생긴다든가 하는 말은 90년대 초기까지의 이야기라고 한다.

바우매트씨에 의하면 앞으로는 각 필러, 루프의 크로스 멤버, 바닥의 언더커버 등이 수지로 바뀌게 될 것이라고 한다.

「한 방향의 강도가 특히 요구되는 부분은 수지를 사용하는 효과가 크다고 말할 수 있습니다. 예를 들면 B필러는 수직방향으로는 강도가 요구되지만 앞뒤방향으로는 그렇게 강도가 요구되지 않죠」

한 부위만 강도를 높이는 것이 용이하기 때문에 비용과 성능의 균형을 잡기가 쉽다. 적재적소에 사용한다는 인식이 수지에도 해당되는 것이다.

"탄소섬유 다음 주자"가 될 수 있을까 – CNF

[나무에서 만드는 셀룰로오스 나노 파이버]

포스트 탄소 섬유로서의 잠재력을 갖고 있는 CNF(Cellulose Nano Fiber). 독보적으로 개발 중인 CNF는 가볍고 강도가 뛰어난데다가 향후 탄소 섬유보다 낮은 가격으로 생산될 가능성이 있다고 한다.

본문&사진 : 스즈키 신이치(MFi) 수치 : 일본제지

CNF(셀룰로오스 나노 파이버) 샘플 사진. CNF가 다발로 묶인 것이 펄프로서 이것을 화학처리해서 섬유가 잘 풀리게 한다. 화학처리 방법은 TEMPO 촉매산화와 카복시메틸화(CM化)이다. 전자는 셀룰로오스(글루코오스) 1급수산기(水酸基)를 산화(카복시化)시켜 물속에서 정전반발을 이용함으로서 펄프섬유를 푸는 방법. 후자는 식품이나 화장품에서 이용되는 카복시 메틸 셀룰로오스(CMC)를 제조할 때 이용되는 화학처리이다.

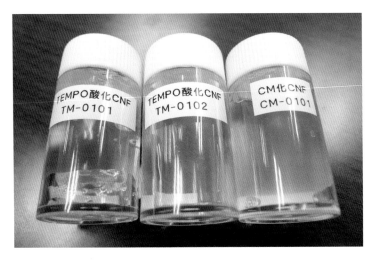

TEMPO 산화 CNF(고형분 1%)

1%를 물에 녹인 샘플용 CNF. 불과 1%이지만 점도가 뛰어나다. 이 상태가 안정된 상태이지만 수지를 섞을 때는 수분을 없앨 필요가 있다. 분말로 하면 나노 파이버가 들러붙기 때문에 사업화하기 위해서는 분체화(粉體化) 기술의 확립이 중요하다.

CNF의 예상 사용 용도

사용용도	예상 사용 사례	특징
골격·외피	항공기·자동차 등	수지와 섞으면 고강도·경량 소재가 된다.
투명표시체	스마트폰	투명하고 열에 의한 치수변화가 적다.
포장재	가공식품의 팩 등	산소가 잘 통과되지 않기 때문에 식품 보존에 유리하다.
증점제(增粘濟)	화장품·도료 등	정지해 있을 때는 점성이 강하고, 뒤섞으면 유동성이 높아진다.

CNF라는 단어를 들었을 때 바로 알아듣는 사람이 아직은 많이 없을 것이다. 셀룰로오스 나노 파이버이다. CNF는 목질(木質) 바이오매스에서 유래된 신소재로서 가볍고 강도가 뛰어나서 다양한 용도로 사용될 것이 기대되는 소재이다. 유럽·북미·일본을 중심으로 개발이 진행되고 있으며, 일본의 개발 수준은 톱클래스라고 한다. CNF 연구에 주력하고 있는 일본제지 주식회사 연구개발본부 CNF사업추진실의 가와사키 마사유키실장에게 전반적인 사항을 들어보았다.

가볍고 강도가 뛰어난데다가 원료가 풍부한 나무라는 점에서 향후 가격도 점차 내려가면서 「포스트 탄소 섬유」로 기대 받고 있는 CNF. 가

와사키실장은 첫 마디로 「탄소 섬유가 그랬던 것처럼 앞으로 자동차나 항공기에서 사용할 수 있도록 만들고 싶지만 아직은 단계를 거치면서 개발해 나가고 있는 상태입니다. 먼저 신뢰성을 검증해 나갈 필요가 있으니까요. 그래서 자동차에 사용하기까지는 좀 더 시간이 필요합니다」라면서 성급한 관측에 일침을 가한다.

대체 CNF라는 것이 뭘까? 나노란 나노미터(nm)를 가리키며, 10억분의 1m를 뜻한다. 「나노 파이버 분야에서는 사실 카본 나노 튜브나 나노 클레이, 나노 케미컬 같은 탄소계와 무기재료, 고분자 쪽이 선행되고 있습니다. 카본 나노 튜브도 마찬가지지만 잘게 만들 수 있으면 활용할 분야가 많습니다」

같은 양이라도 표면적이 늘어나기 때문에 촉매나 흡착제로서 더 효과적(초표면 효과)이다.

가시광의 파장(400~700nm)보다 작기 때문에 투명한 재료로 사용할 수 있다.

분자가 배향(配向)되어 있어서 일정한 방향의 강도가 매우 뛰어나다. 또한 일정한 방향으로 전기가 잘 흐른다.

나노 파이버는 정식 정의가 있다. 「직경이 1~100nm에 길이가 직경의 100배. 길이를 직경으로 나눈 애스펙트 비율(Aspect Ratio)이 100 이상인 것」으로 되어 있다. CNF를 만드는 방법은 우측페이지 상단의 그림설명을 참조해주기 바란다. 나무가 그 근간을 유지하기 위해 원래부터 갖고 있는 목재섬유의 최소 단위

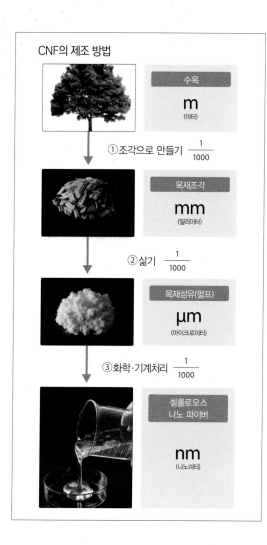

CNF의 제조 방법

수목
m
(미터)

① 조각으로 만들기 $\frac{1}{1000}$

목재조각
mm
(밀리미터)

② 삶기 $\frac{1}{1000}$

목재섬유(펄프)
μm
(마이크로미터)

③ 화학·기계처리 $\frac{1}{1000}$

셀룰로오스
나노 파이버
nm
(나노미터)

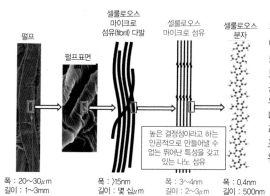

펄프　펄프표면　셀룰로오스 마이크로 섬유(fibril) 다발　셀룰로오스 마이크로 섬유　셀룰로오스 분자

높은 결정성이라고 하는 인공적으로 만들어낼 수 없는 뛰어난 특성을 갖고 있는 나노 섬유

폭 : 20~30μm　　폭 : >15nm　　폭 : 3~4nm　　폭 : 0.4nm
길이 : 1~3mm　　길이 : 몇 십μm　　길이 : 2~3μm　　길이 : 500nm

펄프를 구성하는 CNF 모식도

카본 나노 튜브나 고분자계 나노 파이버는 분자단계부터 인공적으로 만들지만 CNF의 경우는 식물인 나무가 애초부터 나노 파이버를 만들어 준다. 머리카락 같이 약간 가느다란 펄프가 셀룰로오스 마이크로 섬유 다발인 것이다.

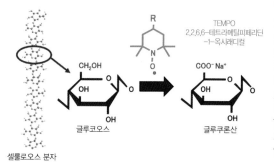

셀룰로오스 분자

R

TEMPO
2,2,6,6-테트라메틸피페리딘-1-옥시래디컬

CH₂OH → COO⁻ Na⁺

글루코오스　　글루쿠론산

TEMPO 촉매에 의한 산화

CNF 연구에서 일본은 선진국이다. 도쿄대학, 교토대학에서 활발히 연구 중으로 이 TEMPO 촉매는 도쿄대학의 이소가이연구실이 세계 최초로 개발한 방법. TEMPO(2,2,6,6테트라메틸피페리딘1옥시래디컬)을 상온상압·물속에서 촉매로 사용한다.

가시광 파장의 400~700nm보다 작은 CNF는 투명하게 사용할 수 있다. 좌측 페이지의 물에 녹인 CNF 수분을 없애면 투명한 필름상태가 된다. 현재 스마트폰 등에서 유연한 표면체를 개발하고 있다. 또한 폴리유산(PLA) 필름에 CNF를 바르면 가스 차단성이 높아지는 특징도 있다.

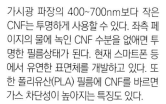

가 나노 파이버 구조를 하고 있는데 이것을 촉매 등을 사용해 화학적으로 처리한 다음 다시 기계적으로 풀어서 미세화한 것이 CNF이다. CNF는 유리처럼 열에 대해 치수 안정성이 매우 뛰어나다. 더구나 유리처럼 물렁해지는 일이 없다. 문제는 내수성(종이와 마찬가지로 물을 잘 흡수한다)이다.

자동차 용도를 감안하면 CNF를 수지에 섞음으로서 GFRP(유리섬유 강화플라스틱)보다 가볍고 강도가 뛰어난 복합소재를 만들 수 있다. 예를 들면 폴리프로필렌에 CNF를 섞으면 강도가 강해지는 특징이 있다고 한다. 이것이 포스트 탄소 섬유로 불리는 이유이다. 또한 고무와 궁합이 잘 맞아서 타이어에 섞으면 강도를 낼 수 있기 때문에 타이어의 경량화·저연비화 개발 가능성도 있다고 한다.

CNF를 만들어내기 위한 기술이나 용도개발은 경제산업성 등에서 정부의 성장전략 가운데 하나로 들고 있다. 2030년에는 10조원 규모 시장으로 성장할 것이라는 예측 하에 개발이 진행되고 있다. 현재 가격은 몇 만~몇 십만 원/kg으로 많이 비싸지만 연간 몇 천 톤 규모를 생산할 수 있는 설비가 갖춰지면 양산효과로 인해 1만~2만원/kg까지 내려갈 것으로 예측되고 있다. 자동차에서 사용할 수 있으려면 5천원/kg까지는 내려가야 할 것이라고 가와사키실장은 말한다. 「그렇게 되려면 어떤 혁신적인 기술적 전진이 필요합니다. 그런데도 현재 우리가 샘플로 제공하고 있는 기업이 200회사 이상이나 될 정도로 관심은 높은 편입니다. 탄소 섬유를 대체할 만한 제품으로 5천원/kg에 나오려면 아직 많은 시간이 걸리겠지만 현재는 "독보적 체제"로 개발을 진행하고 있습니다」

현실적으로만 보면 아직 시간은 더 걸리겠지만 기대할 만한 기술이라고 말할 수 있을 것 같다. 덧붙이자면 일본제지의 CNF 상표는 「세렌피아(Cellenpia)」이다. 세런디퍼티(Serendipity, 우연의 발견)라는 단어와 셀룰로오스, 일본제지(NPI)를 조합해서 만든 이름이라고 한다. 개발 추이를 지켜보고 싶은 기술임에는 틀림없다.

프로필

가와사키 마사유키
일본제지 주식회사
연구개발본부
CNF사업추진실 실장

미쓰비시 레이온의 전략적 CFRP 전개에 관한 실제사례

신공법 "PCM"이 펼치는

자동차의 CFRP 사용

강하고, 굳고, 가볍다. 물성(物性)만 놓고 보면 CFRP는 이상적인 소재라고 할 수 있다. 하지만 양산성이라는 측면에서 보면 높은 장벽이 존재하다. 자동차용 소재로 널리 사용되기 위해서는 반드시 넘어서야 할 장벽을 돌파하기 위한 공법이 미쓰비시 레이온에 의해서 개발되었다.

본문 : 미우라 쇼지(MFi) 사진 : 수쿠에이 유조오

가격과 시간이 양산화에 있어서의 벽

1981년에 F1 세계에서 맥라렌 MP4/1과 로터스 88이 카본 파이버 제품의 모노코크를 사용한 이후 30여 년이 지난 현재, 자동차용 부자재로서의 CFRP(Carbon Fiber Reinforced Plastic=탄소섬유강화 플라스틱)가 이제는 특수한 물건으로 여겨지지 않고 있다. 고급 스포츠카뿐만 아니라 알파로메오 4C나 BMW i3 같은 보급형 저가 승용차에서도 외판이 아닌 구조물로 CFRP를 사용하기에 이르렀다. 소재의 물성으로는 기존에 사용해 왔던 철이나 알루미늄에 비해 훨씬 뛰어난 강도와 강성 그리고 경량화를 겸비한 것이 CFRP이다. 순수 엔지니어링 관점에서만 보면 엔진 이외의 구조물 전부를 CFRP로 사용하는 것이 이상적이라고 할 수 있다.

이런 「이상적인 소재」를 사용한 사례가 증가하고 있기는 하지만, 아직도 일반적으로까지 확산되지 않는 이유는 두 가지. 가격과 사이클 타임이다.

가격적인 면은 CFRP 자체를 만드는데 상당한 노동력과 시간이 걸린다는 점 외에도, CFRP로 제품화하기 위해 수지를 침투시켜 프리프레그(중간가공재)화하는 과정이 필요하기 때문에 원재료 가격이 아직까지 비싸다는 현실이다. CFRP의 원초적인 성형법이고 지금도 가장 물성이 뛰어나다고 여겨지는 AC(Autoclave)공법은, 공정 하나하나를 수작업으로 진행해야 하는 부분이 많고, 진공을 빼내고 나서 가열성형을 하기까지 4시간 정도가 걸리기 때문에 양산에는 적합하지 않다. 그래서 금형을 사용해

프레스성형으로 제작할 수 있는, SMC(Seat Molding Compound)나 RTM(Resin Transfer Molding) 같은 공법이 개발되면서 주기 시간(Cycle Time)이 상당히 단축되기는 했다. 그러나 이런 공법은 물성이나 완성 의장성(意匠性)이라는 점에서는 AC보다 떨어질 뿐만 아니라, AC 특유의 뛰어난 품질을 담보하는데까지는 미치지 못하고 있다.

이런 난관을 극복하고 AC와 거의 동등한 품질을 짧은 사이클 타임으로 제품화하기 위해 등장한 것이 미쓰비시 케미컬 홀딩스그룹의 미쓰비시 레이온이 개발한 PCM공법이다.a

CFRP공법 종류와 특징

PCM
Prepreg Compression Molding
프리프레그 컴프레션 몰딩

금형을 이용해 가열프레스한다는 점에서는 RTM이나 SMC 같이 기존 공법과 똑같지만, 수지를 침투시키는 작업은 오토클레이브와 똑같이 프리프레그(탄소섬유에 열경화성 수지를 침투시킨 반경화 상태의 시트형태의 성형용 중간재료)를 이용하기 때문에 AC와 거의 동등한 물성을 얻을 수 있으며, 표면 평활도도 뛰어나다. 성형에 필요한 사이클 타임도 15분 정도로, AC의 4시간 이상에 비해 많이 단축된다.

PCM+SMC
Hybrid Processing
PCM & SMC 하이브리드공법

AC나 PCM 정도의 물성을 갖지 못하는 SMC도 성형 자유도 측면에서는 뛰어난 장점이 있다. 또한 리브나 나사, 인서트 같은 금속부품과의 동시 성형이 가능한 것은 SMC만이 갖진 이점이다. PCM에서는 프레스를 할 때 SMC부품을 같은 금형에 설치해 성형하는 하이브리드공법도 가능하다. 핸드 레이업이나 수지를 금형에 주입하는 RTM에서는 불가능했던 각 공법의 특징을 조합한 다양한 제품 생산이 PCM에 의해 넓어지게 된다.

AC
Autoclave 오토클레이브 공법

프리프레그를 제품 형상에 맞춰 절단·적층한 다음, 진공을 빼내 밀착성을 높이는 고온·저압력 가마에서 경화시키는 공법. CFRP가 등장했을 때부터 이어지는 공법으로, 부품설계와 성형 자유도가 뛰어나다. 숙련된 기술자가 필요. 완성까지 상당한 시간이 필요하다는 것이 약점이다.

HPRTM
High Pressure Resin Transfer Molding
하이 프레셔 레진 트랜스퍼 몰딩

수지를 포함하지 않은 탄소섬유 직물을 금형에 설치한 다음, 금형 안으로 수지를 주입하면서 탄소섬유에 침투시켜서는 그대로 열경화시켜 성형하는 방법. 미쓰비시 레이온에서는 RTM용 탄소섬유 직물을 자회사인 TK 인더스트리즈(독일)를 통해 공급하고 있다.

SMC
Sheet Molding Compound
시트 몰딩 컴파운드

절단한 탄소섬유에 수지를 침투시킨 시트소재를 금형에 밀착시킨 다음 열경화시킨다. 재료가 성형될 때 움직이면서 부품 형상이 만들어지기 때문에 복잡한 형상을 만들 수 있다. 사이클 타임이 짧고 인서트 등과 동시성형이 가능하기 때문에 낮은 가격으로 응용할 수 있는 범위가 넓다. 강도·강성은 다른 방법보다 떨어지고 표면 평활성이 취약하다.

MRI SPECIAL REPORT : MITSUBISHI RAYON CO., LTD.

차세대 CFRP보디
- 더 단순한 소형 부분형상으로 분할
- 하이 사이클 성형 프로세스
- 후가공에 의해 어셈블리로 만듦
PCM
SMC프레스 성형
HP-RTM

기존의 CFRP보디
- 복잡한 형상의 일체성형 부자재를 많이 사용
- 양산에 적합하지 않은 성형 프로세스
오토클레이브
오븐 몰딩
RTM

자동차용 양산 부자재에 대한 접근방식

지금까지의 자동차용 카본 보디는 주로 오토클레이브를 이용한 일체성형으로 만들어져 왔다. 하지만 이 방법은 가격이나 시간이 많이 걸리기 때문에 고가의 소량제작 차량에만 사용해 왔다. 물성은 떨어지지만 비교적 낮은 가격에 양산성까지 고려한 RTM공법으로 바뀌고는 있지만 가격과 시간을 더 낮추려면 일반적인 스틸 프레스와 마찬가지로 보디를 더 작고 단순한 형상으로 분할함으로서 각각의 부위에 맞는 공법을 조합하는 것이 바람직하다. PCM공법은 그런 보디제작의 핵심을 이루는 키 테크놀로지라고 할 수 있다. 미쓰비시 레이온에서는 현존하는 모든 CFRP 소재와 공법을 망라해 제품화할 수 있는 유일하다고 해도 좋을 만한 메이커로서 자동차 보디에 CFRP를 적용시키는 리더십을 목표로 하고 있다.

CFRP의 원료인 탄소섬유는 크게 피치계(系)와 PAN계로 나누어지는데 미쓰비시 레이온은 세계에서 유일하게 양쪽 탄소섬유를 공급할 수 있는 메이커이다. 원료인 아크릴로니트릴이나 콜타르부터 프리커서(원사), 탄소섬유, 퍼블릭(직물), 프리프레그, 콤포지트(복합재료)까지 다루고 있는 CFRP 스페셜 리스트이다. 이번에 소개할 PCM 같은 공법개발까지 손대고 있는 것도 미쓰비시 레이온이 갖고 있는 강점이다. 이번에 미쓰비시 케미컬 홀딩스의 그룹기업 가운데 한 곳으로서 1980년대 후반부터 레이싱카의 CFRP 보디를 제작해 왔던 주식회사 챌린지에서 PCM공법의 공정을 상세하게 취재할 기회를 얻었다. 취재할 때 제작하고 있던 것은 닛산 NISMO GTR의 트렁크 리드. PCM공법의 가격과 사이클 타임 압축에 관한 비밀을 들여다 본 것이다.

■ PCM 공법의 제조과정

챌린지에서 일관 생산되고 있는 NISMO GTR용 트렁크 리드는 최신 PCM 공법으로 만들어진다. 그 전체공정을 취재할 기회를 얻었다. 일반에게 처음 공개된 제조현장의 전모를 사진으로 소개한다.

프리프레그 재단

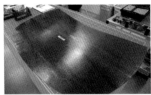

냉동고 안에서 20℃로 보관되어 있던 프리프레그를 18℃로 관리된 실내에서 하루 동안 해동한 다음 틀에 맞춰 재단한다. 프리프레그는 기재(基材)와 경화제가 반응하는 것을 피하기 위해 냉동보관한다. 그렇다 하더라도 보존기간이 3개월 이내. 챌린지에서는 1개월 이내에 소비하고 있다.

프레스 전의 프리폼

금형으로 프레스하기 전에 케미우드라고 불리는 플라스틱 틀로 예비 형태를 만든다. 여기서는 동시에 약 80℃로 2분 30초 동안 가열도 한다. 사전에 수지를 부드럽게 함으로서 금형프레스가 잘 되도록 하기 위한 공정이다. 프리폼도 양산용 라인 제작을 감안한 설비설계가 이루어지고 있다.

잡티 제거와 청소

프리폼을 하면 케미우드 주변으로 프리프레그 잡티가 생긴다. 그것을 초음파 커터로 제거. 틀에 맞춰 프로그래밍되어 있기 때문에 여분의 프리프레그는 깔끔하게 제거된다. 게다가 프리폼을 통해 압출된 수지를 아세톤으로 꼼꼼하게 닦아낸다.

프레스 성형

PCM의 하이라이트라고 할 수 있는 금형프레스 공정. 8MPa 프레스 압력으로 140℃가 약간 넘고 3분이 조금 안 되게 가열한다. 금형 자체는 3만 번까지 가능. 그 이상은 표면의 도금 변형이 발생하기 때문에 수리가 필요하다. 1회 프레스가 끝날 때마다 금형 표면을 청소하고 다음 프레스를 위해 이형제를 뿌린다.

후처리·가공

프레스가 끝나면 원형복귀(Spring back)를 방지하기 위해 도구를 사용해 고정한 다음 40℃ 정도까지 온실에서 냉각시킨다. 그 다음 얇은 잡티를 제거하는 청소를 하고 워터 제트를 사용해 구멍을 뚫는 작업으로 들어간다. 요소요소에서는 가공정확도를 측정하는 등 품질관리를 철저히 하고 있다는 깊은 인상도 받았다.

마무리·출하

겉과 속이 따로따로 제작된 부위를 접착해 일체화. 그런 다음 도장이 필요한 제품은 도장공정으로 옮겨간다. 이 공정은 완전히 수작업. 향후 양산규모가 늘어나면 자동화될 것이다. 공장 안에는 NISMO GTR용 CFRP제품들이 출하를 기다리고 있었다. 개중에는 PCM공법을 사용하지 않은 제품도 있다.

최대 3,000 로트/월 생산이 가능
AC와 똑같은 고품질에 하이 사이클 & 저가를 실현
하이브리드 공법으로 보디도 제작 예정

PCM공법을 통해 완성된 GTR의 CFRP 트렁크 리드. 강판 대비 60%, 알루미늄 합금 대비 40%가 가벼워졌다. 표면과 이면은 따로따로 만들어져 접합으로 일체화된다. 표면은 유광 검정(Gloss Black)이지만 이면은 능직 패턴이 보이도록 만들어져 트렁크를 열었을 때의 시각적 효과를 높이고 있다. 이렇게 의장성에 유의한 제품에서는 PCM 특징을 극대화할 수 있다. 현재 상태에서는 외장부품 위주이지만 RTM처럼 메인 구조부 자재까지 만드는 것도 가시권에 들어와 있다. 그럴 때 강도와 강성이 가장 필요한 부위에는 PCM을 사용하고 복잡한 형상이나 금속부품과 섞이는 부분에는 SMC를 사용하는 방법으로 소재나 공법을 하이브리드로 사용하는 방향으로 나아갈 것이다.

■ 물성은 AC와 동등한데도 저가를 실현

PCM 공법에 대한 상세한 공정은 위의 사진들을 참조해 주기 바란다. AC와 동등한 물성을 유지하면서 사이클 타임을 극적으로 단축함으로서 저가를 실현할 수 있는 PCM 공법은 미쓰비시 레이온과 챌린지가 2002년부터 연구개발해 온 독자적 기술로서 소재와 공정은 그야말로 노하우를 통해서 축적해온 것이다.

AC와 동등한 물성을 실현하려면 PCM 공법의 특성에 맞는 미쓰비시 레이온의 고품질·속성 경화 프리프레그가 필요하다. PCM 공법 같은 경우는 AC와 달리 숙련공에 의한 수작업이 없기 때문에 품질을 균일화하는데도 유리하다. 나아가 AC와 물성이 똑같기 때문에 시작단계에서는 AC로 성형해 성능을 확인한 다음, 금형을 제작해 PCM 공법을 통한 양산으로

옮겨가는(시작 금형이 불필요) 것도 PCM의 커다란 장점이다.

기존의 유압 프레스나 서보 프레스 장치를 이용할 수 있는 것도 PCM공법의 특징이다. 유리섬유 SMC에서 사용되는 프레스장치와 금형기술도 살릴 수 있기 때문에 초기투자를 줄일 수 있다. AC에서는 대량으로 필요한 부자재가 PCM에서는 필요 없다는 것도 가격 인하로 이어진다. 사이클 타임 단축에는 프리폼(Preform)과 프레스성형의 자동화가 중요하다. 프리폼 때 사용하는 설비와 케미우드로 불리는 플라스틱 틀에 PCM 공법의 노하우에 대한 핵심부분이 있어서 본격적인 양산에 적용하기까지 많은 시행착오가 반복되어 왔다. 현재는 라인 생산이 가능한 단계까지 기술이 정립된 상태이다.

PCM 공법으로 제작된 NISMO GTR의 트렁크 리드를 보면 바로 알 수

CFRP 각종 공법을 적용한 최신 제품들

최신 공법인 PCM을 메인으로 하고, RTM이나 SMC까지 용도와 가격에 맞춰 구분해서 사용하는 경향으로 나아갈 것

Nissan GTR
닛산 GT-R의 트렁크 리드

2014년 모델부터 닛산 GTR에 사용된 CFRP 드렁그 리드는 챌린지에서 PCM 공법으로 만들어지고 있다. 알루미늄 합금 대비 40%가 가벼워졌음에도 강성과 내(耐)덴트성은 비슷. 아우터와 이너의 탄소섬유 종류를 바꾸면서 시각적인 면까지 유의. SPE(미국 플라스틱 기술자협회)의 Automotive Innovation Award의 외장부품 베스트5에 선정되기도 했다. 콤포지트 부품으로는 Most Innovative Part를 수상.

Enkei
엔케이 카본 휠

알루미늄 휠 분야의 톱 메이커인 엔케이와 미쓰비시 레이온이 협업해서 만든 카본 휠 프로토 타입. 일부러 올 CFRP로 하지 않고 PCM 카본과 알루미늄 합금의 하이브리드 구조로 만들어 저가로 공급·보급할 v 계획이다. 똑같은 알루미늄 합금 100% 제품보다 약 30%가 가볍다.

Porsche 918
포르쉐 918의
언더 플로어와 분해식 루프

918의 언더 플로어는 PCM 공법으로 제작되고 있다. 일부에 코어 소재를 사용한 샌드위치 구조로서 사방 1.8m의 대형부품인데도 무게는 불과 6.5kg에 불과하다. JEC2014의 Innovation Award를 수상. 기본적으로 오픈 보디이기 때문에 루프는 언더 플로어만큼 강도가 요구되지 않는 관계로 RTM 공법으로 만들어진다.

Chevrolet Corvette
쉐보레 콜벳의 엔진 후드

PCM과 SMC를 조합해서 만든 시작품. 유럽의 복합재료 전시회인 「JEC Europe 2014」에 출품되었다. 강도와 평활도가 필요한 표면 부분은 PCM, 복잡한 형상의 이면부분은 SMC공법으로 만들어졌다. 제조는 미국 미시건에 본거지를 두고 있는 Continental Structural Plastic(CSP) 회사가 제작을 담당

MFi SPECIAL REPORT. MITSUBISHI RAYON CO., LTD.

있지만 핀 홀 등과 같은 결함 없이 Class A의 외관품질을 얻을 수 있다는 것도 PCM 공법의 장점이다. 일반 사용자가 CFRP에 기대하는 아름다운 질감=카본이 갖는 아름다움은 AC와 PCM만이 연출할 수 있는 특별한 가치이다.

■ 소재와 공법은 적재적소에서 날로 향상

CFRP는 철이나 알루미늄에 비해 역사가 길지 않은 소재이다. 그 때문에 소재의 사용법, 성형방법, 설계방법 등 다양한 방법을 모색하는 과정이어서 아직 최적의 방법이 발견되지 않은 분야라고 할 수 있다. 그렇기 때문에 개발 가능성이 기대되는 소재라고도 할 수 있다.

이번에는 챌린지에서 PCM 공법에 대한 전체 모습을 보여주었지만, 미쓰비시 레이온에서는 PCM 공법 이외에도 AC나 SMC를 통한 제품도 개발·제조도 하고 있다. PCM은 어떤 의미에서는 양산에 특화된 방법이기 때문에 아직까지 수요 대부분을 차지하는 소량 생산품에 있어서는 AC 쪽이 전체 비용을 낮출 수 있는 경우도 있기 때문이다.

「초기 투자를 포함해 월 200로트 이상이 되면 AC보다 PMC 쪽이 경제적인 이익을 볼 수 있죠」라고 나카무라사장(챌린지)은 설명한다.

「성형 자유도 측면에서는 역시 AC가 뛰어납니다. 오토클레이브에 들어가는 크기 정도면 어떤 것이든 만들 수 있으니까요. 성형 자유도로만 보면 마찬가지로 SMC도 뛰어납니다. 가격적인 면에서도 원재료 단가가 싼 촙드 파이버(Chopped Fiber)를 사용하는 SMC가 매력적이죠. 물성이나 표면의 평활도(平滑度)는 다른 공법보다 떨어지지만 AC 같은 강도·강

성이 필요 없는 부위나 의장성을 요구할 수 없는 부분도 자동차에는 많기 때문에 그런 부위에는 SMC를 선택하는 것이 필연성이 높다고 할 수 있습니다. 이번에 보신 PCM은 확실히 기존의 CFRP가 가졌던 취약한 부분을 해소할 수 있는 획기적인 기술이기는 하지만 그렇다 하더라도 AC나 PCM에 집착하는 것이 아니라 앞으로는 성능과 가격을 감안해 더 장점이 되는 공법을 선택하는 것이 현실적인 것이죠. 그러면 자동차 메이커는 그 장점을 인정하게 되고 CFRP를 채택하는 폭도 넓어지리라 생각합니다」

즉 CFRP 가운데서도 "적재적소"가 앞으로의 흐름이 될 것이라는 의미이다.

이번에 취재한 NISMO GTR의 CFRP 부품 가운데서도 스트럿 타워 바는 장착용 인서트가 필요하기 때문에 PCM과 SCM의 하이브리드 공법 채택을 검토하고 있다.

요즘 자동차는 이미 내장이나 외판 이외에도 수지 사용률이 상당히 높아져 구조물에서도 강판 이외에 알루미늄 합금을 사용하는 설계가 늘어나고 있다. 그런 흐름 속에서 CFRP 사용률이 아직 적기는 하지만 각 자동차 메이커는 그 절대적인 장점을 충분히 인식하고 있기 때문에 가격적인 요건만 해소되면… 이라는 생각을 갖고 있다. 강화되고 있는 CO_2 규제로 인해 경량화는 자동차 개발에 있어서 가장 중요한 과제 가운데 하나이다. 경량화에 대한 보증수표로서의 CFRP이 갖는 존재감은 앞으로 계속해서 커져 갈 것이 틀림없다. BMW i3나 i8처럼 채산을 따지지 않으면서까지 선진적인 CFRP 사용을 채택한 사례도 등장했다. 미쓰비시 레이온과 챌린저가 추진하는 PCM 공법은 CFRP 보급의 방아쇠가 될 것이다.

자동차 용도에 대한 사용을 가속화하려면
미쓰비시 케미컬 홀딩스의 CFRP 전략

플러그 인 하이브리드 EV(전기자동차), FCV(연료전지차) 같은 첨단 자동차는 말할
필요도 없고 모든 자동차에 있어서 경량화는 필수이다. 그런 의미에서 CFRP는 가장
유력한 해결책이다.
CFRP 관련(소재·공법) 선두 주자인 미쓰비시 레이온에서 탄소 섬유·복합재료 블록
을 담당하는 야마모토 이와오 전무이사를 인터뷰해 보았다.

본문&사진 : 마키노 시게오 수치 : 미쓰비시 케미컬 홀딩스

미쓰비시 레이온 주식회사
전무이사 집행임원
탄소 섬유·복합재료 블록 담당

야마모토 이와오
IWAO YAMAMOTO

「기존의 오토클레이브나 RTM 외에
PCM, SMC 같은 공법을 이용해 요
구되는 성능과 가격 양쪽을 만족시킬
수 있는 솔루션을 제공해야죠. 그것
이 우리의 전략입니다」

Q : 자동차에 CF(카본 파이버=탄소 섬유)를 사용하는 비율이 아직까지는 용도나 사용량 모두
한정적이긴 합니다. 하지만 BMW i3 같이 내내적으로 CF를 사용한 예도 있거든요.

야마모토 : 당사의 CF사업도 자동차 분야 비율이 높아질 것으로 예상하고 있습니다. 현재의 연
간 CF 수요는 유럽이 2.8만t 정도이고 북미와 아시아가 각각 1.8만t 정도인데 유럽은 i3가 수요
를 끌어올렸죠. 2.8만t 가운데 0.9만t이 자동차입니다. 그 대부분이 i3에 사용되고 있고요.

Q : 유럽의 CO_2 배출규제는 계속 강화되고 있습니다. 자동차에서는 주행 1km당 95g을 달성
해야 하는데요. 그러면 경량화는 필수겠죠. 경량화를 이루려면 기존의 소재를 더 가벼운 소재
로 바꾸는 흔히 말하는 재료 치환의 변경이 핵심이 될 텐데요. 그 전형적인 사례가 i3가 아닌가
생각합니다. 철, 알루미늄, 수지, 이 수지 가운데서도 CFRP가 경량화에 효과가 크죠. 자동차
보디 구조에 사용하는 소재가 다양화되고 본격적인 복합재료 시대에 돌입한 느낌입니다만.

야마모토 : CF와 철, 알루미늄 같은 하이브리드(혼합) 구조가 앞으로 증가 될 것으로 예상합니
다. 동시에 CF 가운데서도 용도에 맞게 세분화가 점점 진행되겠죠.

■ PAN계와 피치계 탄소 섬유의 특별한 장점

· PAN계는 강도가 뛰어나고 피치계는 탄성률이 뛰어나다.
· 항공우주, 스포츠 레저, 산업용도·자동차에 폭넓게 활용

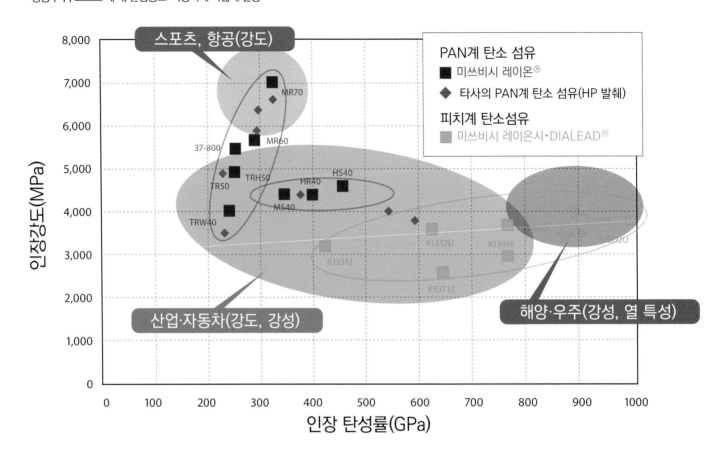

Q : 미쓰비시 수지가 갖고 있던 피치계 CF가 미쓰비시 레이온으로 통합되었습니다. 미쓰비시 레이온은 PAN계와 피치계 양쪽을 가진 세계적으로도 유일한 CF소재 메이커가 되었는데요.

야마모토 : 그 배경에 자동차가 있습니다. 자동차에서 CF를 사용하는 사례가 상당히 여러 갈래에 걸쳐서 진행될 것으로 생각하고 있습니다. 예를 들면, FCV에 탑재되는 수소 탱크나 대형 CNG(압축천연가스) 트럭에 탑재되는 CNG 탱크 같은 압력용기가 있고요, 가벼우면서도 강도·강성이 뛰어난 보디를 만들 수 있는 구조재도 있습니다. 또한 CF가 가진 아름다운 「외관」을 보여주면서도 가볍고 고강성을 실현하는 패널 소재 같은 것도 있죠. 이런 다양한 용도에 대응하기 위해서는 철을 대체하기 위해 개발해 온 PAN계와 철보다 더 뛰어난 강성의 구조재를 염두에 둔 피치계를 각각 적재적소에 사용할 필요가 있습니다.

Q : CF와 금속분만이 아니라 CF 자체의 하이브리드화도 진행된다는 뜻이네요.

야마모토 : 그렇습니다. 다만 CF에 수지를 조합한 프리프레그를 상품으로만 갖고 있어서는 적재적소라는 의미의 제안을 할 수 없겠죠. 우리는 소재뿐만 아니라 공법 자체에도 노하우를 갖고 있습니다. 기본의 오토클레이브나 RTM 외에 PCM, SMC 같은 공법을 이용해 요구성능과 가격 양쪽을 만족시킬 수 있는 솔루션을 제공하겠다. 이것이 우리의 전략이라고 할 수 있습니다.

Q : PCM과 SMC 두 가지 공법에서 구체적으로 어떻게 솔루션을 제공해 나간다는 것인가요?

야마모토 : 예를 들면 강성이 요구되는 구조부분에는 성형하기 쉬운 SMC를 사용하고 표면은 PCM으로 아름답게 완성하는 식이죠. 이런 식의 하이브리드 구조도 가능한 겁니다. 경량화 요구는 점점 높아질 것이기 때문에 PCM만으로는 한계가 있습니다. SMC재를 강성확보에 이용한 PCM과 SMC의 하이브리드 구조 더 나아가서는 SMC와 알루미늄, SMC와 강(鋼) 같은 하이브리드 구조도 후보가 되겠죠.

Q : 귀사는 이미 유럽과 미국, 일본의 자동차 메이커들과 몇 가지 프로젝트를 진행해 왔었고 현재도 진행 중인 프로젝트가 있는 것으로 알고 있습니다. 2020년 무렵에는 자동차에서 CF가 어느 정도까지 사용될 것으로 예상합니까?

야마모토 : 현 시점에서는 BMW i3와 i8이 주목을 받고 있지만 일본에서의 움직임도 사실은 매우 활발한 상태입니다. FCV와 EV를 경량화하면 주행거리가 늘어나죠. 이것은 상품의 만족도로 직결되기 때문에 각 메이커에서 이미 착수

■ 미쓰비시 레이온의 글로벌 네트워크

		유럽	일본	중국	북미
제조거점	아크릴로니트릴		히로시마 오타케시, 오카야마현 구라시키시		
	프리커서		히로시마 오타케시		
	탄소 섬유		히로시마 오타케시, 아이치현 도요하시시		캘리포니아주 새크라멘트
	중간기재 / 프리프레그		아이치현 도요하시시		캘리포니아주 어바인 캘리포니아주 스토(Aldila)
	중간기재 / 직물	독일 셀비치 TK Industries			
	콤포지트	독일 헹겔스부르그 Wethje	챌린지	Action Composites	
탄소 섬유, 생산능력			8,000톤/년		2,000톤/년
			10,000톤/년		

PAN계와 피치계의 개발·생산기술을 모두 보유하고 있는 유일한 메이커로서 창조적이면서 최첨단의 CFRP을 만들어 제안해 나갈 계획이다.

하고 있는 차세대 모델에는 CF 사용이 진행될 것으로 생각합니다. PHEV(플러그 인 하이브리드 자동차)도 마찬가지입니다. 유럽에서는 고급 스포츠카가 CF 사용을 선도해 왔지만 HEV가 이미 대중적인 차가 된 일본은 유럽과 달리 CF를 사용하는데 있어서 또 다른 방향성을 보여주고 있다고 생각합니다.

Q : 글로벌 전개에도 적극적이신데 전망은 어떻습니까?

야마모토 : 사실 CF의 매출액 비율은 해외 쪽이 93~94%입니다. 특히 유럽과 북미는 시장확대가 예상되기 때문에 더 강화해 나갈 생각이고요. 강화되는 연비규제에 대응하기 위해 경량화는 필수입니다. 특히 유럽에서는 PCM+SMC 하이브리드 공법이 유효하다고 보고 있습니다. 그 때문에 작년 10월에 독일의 자동차용 합성물 전문회사인 Wethje를 자회사로 편입했고 오는 4월에는 독일에 CF 마케팅 & 테크니컬 센터를 설립합니다. 북미에서도 캘리포니아에서

CF생산을 2천t까지 늘릴 계획이고요. 중국에도 Action Composites회사라고 하는 관련회사를 갖고 있습니다

Q : 현재 일본 기업은 CF 세계에서 70%의 점유율을 갖고 있기는 합니다만, 한국이나 대만의 추격도 예상되는데요.

야마모토 : 그렇기 때문에 우리만이 할 수 있는 기술을 계속해서 진화시킬 필요가 있는 것이죠. PAN계와 피치계 사업을 통합한 의의도 거기에 있습니다. 양쪽 기술을 살린 제안이 앞으로 자동차 사업을 전개하는데 있어서 핵심이 될 겁니다. 모노머(Monomer), 프리커서(Precursor), 탄소 섬유, 프리프레그 등과 같은 중간기재 그리고 성형기술 이것을 살리는 합성물까지 소화할 수 있는 것은 우리뿐이라는 자부심이 있습니다. 이런 강점을 살려서 CF사업을 확대해 나갈 계획인 것이죠.

MFI SPECIAL REPORT : MITSUBISHI RAYON CO., LTD.

CAR BODY COI

VW GOLF & AUDI A3　　/ MERCEDES-BENZ S-class　　/ VOLVO V40

STRUCTION III

VER SPORT　　/ BMW i3　/ LEXUS IS　/ NISSAN SKYLINE　　/ HONDA ACCORD　/ MAZDA AXELA　/ SUBARU XV etc.

도해특집 : 보디 컨스트럭션 Ⅲ

MFi가 앞서 보디 특집을 꾸몄던 것이 3년 전(Vol.53)이었다.
불과 3년 그러나 이 3년 동안 보디의 변화·진화는 예전과 달리 스피드했다.
알루미늄, 카본 등의 수지소재로 재료가 바뀐 것은 물론이고
접합기술이나 보디 구조에 관한 개념도 크게 바뀌었다. 보디야 말로 경쟁력의 원천인 것이다.

INTRODUCTION

보디가 바뀌면서 경쟁이 바뀌었다

신흥국의 자동차 대중화로 인해 자동차 시장이 확대되고 있다. 하지만 시장 쟁탈전은 점점 격렬해지고 있다.
한국세는 일본과 거의 완전하게 어깨를 나란히 하고 있고, 그 뒤로 중국세가 기다리고 있는 것이 현실이다.

본문&사진 : 마키노 시게오 사진 : 코로스 오토 / 폭스바겐

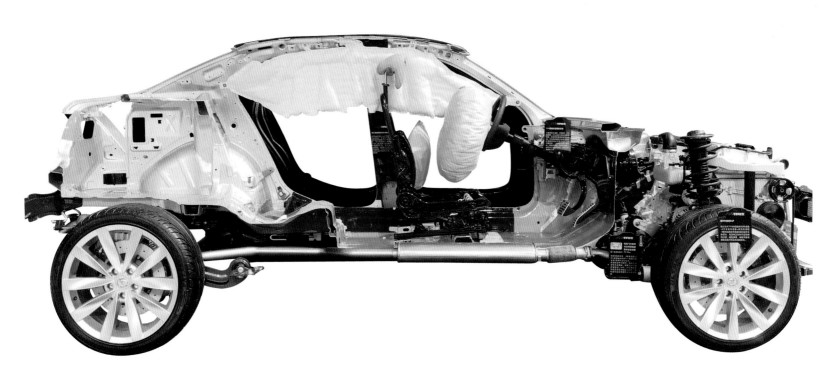

국영기업인 북경자동차(北京汽車)가 2012년에 발표한 승용차 플랫폼과 거기에 실리는 각종 장치들. 독자적인 설계, 독자적인 노하우는 아니지만 이 정도까지 발전했다.

비국영 기업인 치루이자동차(奇瑞汽車)가 2013년에 발표한 승용차 골격. 이것도 독자적인 것은 아니지만 경쟁에 나설만한 체제는 갖추게 되었다.

예전 1990년대에 자동차 보디 설계가 크게 바뀌었다. 도요타가 GOA=Global Outstanding Assessment라는 표어를 내세우면서 충돌 안진 성능을 강화했던 배경에는 GOA 도입 이전의 모델이 유럽에서의 충돌 테스트에서 낮은 점수밖에 얻지 못했던 사실이 있었다. 거기서 크게 각성한 도요타는 전 세계의 어떤 어세스먼트(공개시험)라 하더라도 뛰어난 내(耐)충돌 성능을 증명할 수 있는 보디 설계로 방향을 틀었다. 당연히 타 경쟁 메이커도 이에 뒤질세라 강화에 나서면서 21세기 초기에 일본차의 충돌안정성은 「기준대응」이라는 측면에서 세계최고 수준으로 올라서게 된다. 그런데 지금 세계의 자동차는 예전 이상으로 복잡한 환경 속에 있다. 사회적 요구로 인해 CO₂ 절감과 충돌 안전 대책이 양립되어야 하는 것이다. 그러자 자동차 보디가 다시 다음 단계로 움직이기 시작했다.

본지가 「보디 컨스트럭션」을 특집으로 한 것이 이번으로 3번째이다. 과거 2년 정도 시차를 두고 2번을 했었는데 그냥 2년이 흘렀다고 해서 사정이 크게 바뀌었을까 하는 우려는 여지없이 부서져 나갔다. 보디의 진보에 있어서 2년은 이제 짧지 않다. 다양한 상황들이 일어나고 있는 것이다.

무엇이 보디를 바꾸고 있을까. 현재의 큰 트렌드 가운데 하나는 경량화이다. 차량중량이 가벼워지면 가령 파워트레인은 그대로라 할지라도 연비가 좋아진다. 특히 유럽에서는 CO₂(이산화탄소) 배출규제 강화가 경량화 드라이브를 가속시켰다. 가볍게 하려는 방법으로 연강(軟鋼)부터 고장력강, 고장력강에서 알루미늄, 알루미늄에서 수지 식으로 재료가 변경되고 있다. 바로 최근까지는 꿈속의 이야기만 같았던 카본(탄소) 섬유소재까지도 드디어 BMW가 시판차량에 대량으로 도입한다. 그럴 필요성에 쫓기고 있는 것이다.

당연히 가볍게 하는 것이 경쟁이 된다. 20세기의 자동차 사회는 보디를 크고 멋지게 만들어야 사용자가 지갑을 열었다. 하지만 앞으로는 가볍게 해야 돈이 생길 것이다. 물량투입으로 차량중량을 증가시키는 것이

INTRODUCTION

치루이의 프로젝트인 코로스 오토(QOROS AUTO)의 프레젠테이션 모델. 안에 있는 보디 골격은 매그너 인터내셔널이 담당했다.

이익을 획득하는 수단이었던 시대는 이미 과거의 이야기이다. 보디 변화에 맞춰 시장 경쟁의 형태도 바뀐다. 그런 시대가 다가 왔다.

세계를 견인해 온 유럽과 일본, 미국의 자동차 산업은 세계각지에서 예전에 없던 경쟁을 펼치고 있다. 그 주요 싸움터가 중국이다. 미국 자동차 산업이 이익을 포함해 국내에서의 활동만으로 충분했던 시대, 유럽세가 자국시장에서만 통용되는 상품에 주력했던 시대 또한 과거의 일이 되었다. 최근 2~3년 동안의 변화를 보면 중국 현지의 자동차 메이커가 실력을 키워온 것이 크다.

유럽과 미국, 일본의 자동차 메이커가 중국에서 현지 생산했던 모델은 그 역할이 끝나자 중국 기업의 것이 된다. 이런 도식이 정착해 버렸다. 그 결과 중견 이상의 중국 국영 자동차 메이커가 구미일(歐美日) 어떤 쪽이든지 간에 그 기술을 그대로 손에 넣고 있다. 물론 현재 상태에서는 보디 설계의 의미나 강판 강도의 의미까지 완전히 이해하지는 못 하고 있을 것이다. 그러나 현물을 갖고 있다. 현물을 갖지 않은 비국영 계열은 리버스 엔지니어링 데이터를 갖고 있다. 최신 보디 기술을 쉽게 입수할 수 있는 것이다.

여기서 현물은 상품뿐만이 아니다. 소재도 마찬가지이다. 이미 중국에는 핫 스탬핑(hot stamping) 소재를 공급하는 유럽기업이 진출해 있다. 가까운 장래에는 가변 압연판재(Tailor Rolled Blank) 제조 설비도 중국에 들어갈 것이다. 한편 철이나 알루미늄, 수지 같은 소재기술도 일본기업이 출자한 현지합병기업을 통해 중국 측에 건너간다. 이런 상황 속에서 몇 년 뒤에는 중국 메이커까지 들어온 시장 경쟁이 되풀이된다. 그런 흐름 속에 우리가 있는 것이다.

일본의 강점이 뭐냐고 묻는다면 이론과 기술, 소재, 제조설비가 모두 자체적으로 갖고 있다는 점이다. 이것은 경쟁을 다투는 속에서 큰 이점이다. 그러나 중국은 점점 새로운 설비를 사고 있다. 바오강그룹(寶鋼集團)은 현재 철강에 한해서만 말하자면 일본세보다도 뛰어나다. 두뇌(인재)도 점점 확보하고 있다.

폭스바겐과 부품 공급업자는 중국에 사진 같은 핫 프레스 설비를 갖고 있다. 이 기술도 언젠가는 그대로 이전될 것이다.

상징적인 것은 비국영기업인 치루이자동차가 이스라엘과 함께 설립한 QOROS AUTO(觀到汽車)이다. 설계와 개발은 캐나다의 거대기업인 매그너 인디네서널이 맡는다. 부품은 매그너 그룹의 서플라이어가 공급한다. 이런 스타일의 상품은 2년 전에는 존재하지 않았다. 보디 설계에 대한 심오한 깊이를 몰라도 고정밀도 부품을 사내에서 직접 만들지 못해도 판매 경쟁에는 참여할 수 있는 것이다. 자금만 있으면 누구라도 기회는 균등한 것이다.

중국에는 CNCAP(Chinese New Car Assessment)라는 충돌 안전성 평가공표기관이 있는데 근래에는 어떤 것이든 성적이 좋아졌다. 「이 부위에 이 강판을 사용하는 의미를 그들은 모른다」고 말하는 사람도 있지만 단도직입적으로 말하면 그런 이유는 나중에 정리해서 배워도 상관없다. 자동차를 계속해서 만들다보면 지식은 자연스럽게 쌓여간다. 그리고 그런 지식의 공급원이 일본인 경우가 매우 많다는 것이다.

그렇기 때문에 보디 설계에 대한 노하우는 사내에 축적하지 않으면 안된다. 개개인에게 축적되는 것이 아니라 조직 안에 정착시켜 놔야 하는 것이다. 다행이 이번에 취재한 일본의 자동차 메이커는 그런 점에 철저했다. 경쟁에 참가하는 자세를 갖추고 있는 것이다. 일본세가 앞으로 만들어낼 기술을 중국세는 더 비싼 비용을 지불하고라도 손에 넣게 될 것이다. 과연 언제까지 그런 일이 반복될 것인지….

한 가지 걱정인 것은 장래의 일본을 책임질 기계 및 소재계통 기술자를 어떻게 일본 국내에서 계속적으로 키워내느냐는 점이다. 인재 육성은 하루아침에는 무리이다. 보디야말로 「밖에서 구매」한다든가 「설계의 뢰」로 대체할 수 있는 것이 아니다. 보디는 자동차 메이커의 근간이다. 독자적인 보디가 있어야 만이 경쟁에서 견딜 수 있고 살아남을 수 있는 것이다.

MQB VW Golf /AUDI A3

MQB 보디는 어떻게 진화했을까?

다종다양한 브랜드와 차종을 갖고 있는 VAG가 플랫폼 정리와 합리화에 나섰다.
그 가운데 가장 중요한 마켓에 대응하는 것이 "MQB"이다.

본문 : MFi 사진 : 아우디 / 폭스바겐

■ 아우디 A3 Sportback
(1.4 TFSI)

전장×전폭×전고 : 4325×1785×1450mm
휠베이스 : 2635mm
무게 : 1320kg

■ 1000MPa 초고장력 강판(일본의 1310 이상) 핫 프레스
■ 340~700MPa 고장력 강판(590~980 상당)
■ 260~320 고장력 강판(370~440 상당)
■ 연강

완전하게 아우디판인 골프 VII

A3는 골프 IV의 아우디판으로 등장한 아우디로서는 특이한 내력을 갖고 있다. 아우디의 각 차량은 그들이 자랑하는 콰트로 시스템을 탑재하기 때문에 엔진을 세로로 배치하는 레이아웃을 채택하고 있지만, A3는 고성능판인 S3를 포함해 가로배치 구조로 원래의 골프와 공통적인 부분이 많다. 이번 마이너 체인지 때 보디는 완전히 골프와 공용이 된 모양으로, 다음 페이지의 골프 VII 일러스트와 비교해 보아도 다른 부분을 찾아 볼 수 없다. 선대까지 존재했던 협각 V6 모델은 탑재가 불가능하기 때문에 고성능판은 MQB 지정 엔진이라고도 할 수 있는 후방 배기 EA211을 베이스로 해서 부스트 업으로 대응하는 것 같다.

4WD판에서 구조는 어떻게 바뀌었을까?

아우디 자동차라고 하면 4WD 모델의 등장은 이미 정해진 사실이지만 그런 경우 바닥을 포함한 보디 뒷부분은 당연히 다를 것이다. MQB 베이스에서 어떤 변경이 이루어졌는지 상당히 흥미롭다.

■ 1000MPa 초고장력 강판(일본의 1310 이상) 핫 프레스
■ 340~700MPa 고장력 강판(590~980 상당)
■ 260~320 고장력 강판(370~440 상당)
■ 연강
■ 알루미늄(시트)
■ 알루미늄 부위

소재로 무게의 감량을 기술로 강성을 확보

MQB를 채택한 골프 Ⅶ의 보디에 있어서 키 포인트는 경량화이다. 고강도 강판 사용률은 선대의 66%에서 80%까지 높아졌다. 특히 인장강도 1000MPa 이상의 열간성형 초고장력 강판은 6%에서 28%까지 증가했다. 강도가 증가한 만큼 판 두께를 줄일 수 있게 되면서 골프 Ⅵ보다 화이트 보디에서 23kg, 초고장력 강판 분에서 12kg으로 각각 가벼워졌다. B필러가 시작되는 부분 등에는 물결형태로 용접해 용접면적을 확대하는 「Wobble Weld(워블 웰드)」라고 하는 기법을 이용해 강성을 확보하고 있다.

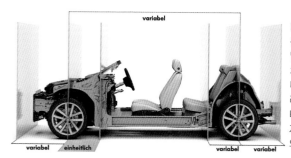

MQB가 규정하는 것은 프런트 액셀에서 페달 사이까지의 요소와 치수만이다. 캐빈과 보디 뒷부분은 모델에 따라 자유설계가 허용된다. 폴로부터 파사트까지 휠베이스 240mm의 차이를 흡수한다.

■ VW 골프 TSI
트렌드 라인

전장×전폭×전고 : 4325×1785×1435mm
휠베이스 : 2635mm
무게 : 1240kg

가로배치 FF, B~D세그먼트를 넘나드는 보디의 「헌법」

VAG(Volkswagen Audi Group)은 아마도 보디 설계와 그 생산기술에 있어서 세계에서 가장 선진적인 메이커일 것이다. 알루미늄 보디나 레이저 용접기술 등 최첨단 기술을 1990년대부터 적용하기 시작하면서 많은 모델에 구현하고 있다.

그런 반면에 동유럽이나 중남미, 중국 등과 같이 숙련 노동자를 확보하기가 어려운 지역에 많은 생산거점을 갖고 있으면서 하위 차종 up!부터 상위 차종 벤틀리까지 다양한 차종을 생산하기 때문에 이런 고도의 기법을 표준화함으로서 개발부터 실제 제작까지 조직적이고 합리적으로 진행하지 않으면 불필요한 비용상승과 품질저하를 불러오게 된다. 일본 메이커처럼 생산 현장의 노하우에 의존할 상황이 안 되기 때문이다.

VAG의 새로운 플랫폼 모듈은 자동차 크기에 따라 4가지 단위로 나누어 기본구성을 표준화하고 있다. 그 가운데 골프를 중심으로 한 C세그먼드·가로배치용 플랫폼이 MQB(Modularer Querbaukasten)이다. VAG에게 있어서 가장 잘 팔리는 차종의 받쳐주는 「헌법」이 아닐 수 없다.

MQB의 기본은 프런트 액슬에서 벌크헤드(ABC페달) 사이에 있는 콤포넌트와 치수규격을 통일하는 것으로서 내용은 섀시뿐만 아니라 엔진, 기어박스 규격까지 포함된다. 예를 들면 엔진은 후방배기로 통일하고 보어피치도 실린더 수·배기량에 상관없이 공통화하는 것이다. 디퍼렌셜과 드라이브샤프트 위치는 고정이다. 가로배치 FF 기구와 비용의 약 60%가 이 부분에 집약되어 있기 때문에 합리화도 여기에 집중되어 있다. 후반 부분은 차종에 따라 자유롭게 전개하도록 해 여러 차종에 대응할 수 있다.

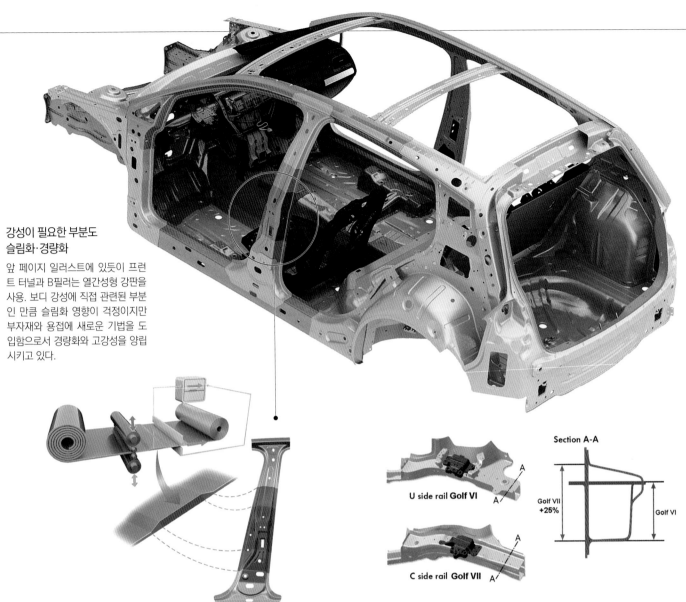

강성이 필요한 부분도 슬림화·경량화

앞 페이지 일러스트에 있듯이 프런트 터널과 B필러는 열간성형 강판을 사용. 보디 강성에 직접 관련된 부분인 만큼 슬림화 영향이 걱정이지만 부자재와 용접에 새로운 기법을 도입함으로서 경량화와 고강성을 양립시키고 있다.

U side rail Golf VI

C side rail Golf VII

Section A-A

Golf VII +25%

Golf VI

가변 압연 판재(TRB)

제조할 때 압연 롤러의 간격을 바꿔 판 두께가 연속적으로 변화하는 강판을 사용. 기존 방법이었던 두께가 다른 부자재를 프레스→용접으로 일체화하던 것과 비교해 강성은 올라가고, 용접시간과 응력집중은 줄어들었다. 가볍고 얇은 강판을 사용해도 강성을 높일 수 있었던 비밀 가운데 하나이다.

서브 프레임 단면형상의 최적화

MQB에서는 엔진 구획을 최적화한 결과 서브 프레임의 단면적이 골프 VI보다 25% 확대되었다. 단면적을 크게 하면 그만큼 얇고 가벼운 부자재를 사용할 수 있다. 재료의 변경분만 아니라 설계에서 벌어놓은 경량화 부분이다.

▶ VW 골프 VI TSI 트렌드 라인

전장×전폭×전고 : 4210×1790×1485mm
휠베이스 : 2575mm
무게 : 1270kg

어떤 메이커의 차체 설계 기술자로 하여금 「일반 양산차량 가운데 가장 비용과 시간이 드는 보디」라고 말하게 만든 골프 VI. 앞 페이지 VII의 보디와 강판 사용 상황을 보면, 고장력 강판 사용도가 여전히 적다는 것을 알 수 있다. 각 필러 부분, 바닥 터널, 서브 프레임 등 강도가 필요한 부분에만 고장력 강판을 사용하고 나머지는 일반적인 강판을 사용한다. 게다가 레이저 용접의 접합면적을 늘려 구조체로서의 강성을 확보하고 있다. VII에서는 접착구조가 된 루프 접합도 레이저로 용접해 아마도 보디 단독으로서의 강성은 VI 쪽이 높을 것이다. 보디에 대한 해석이 발전하면서 VII에서는 강성보다 이득이 큰 경량화에 중점을 둔 것이라고 할 수 있을 것이다.

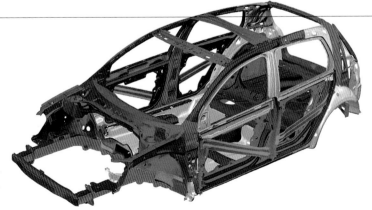

- ■ 180~240MPa(일본의 270~340 상당)
- ■ 260~320MPa 고장력 강판(370~440 상당)
- ■ 340~700 고장력 강판(590~980 상당)
- ■ 1000MPa 초고장력 강판(1310 이상)

가볍고, 빠르고, 싸게 만들 수 있는 오픈 보디

MQB의 최대 특징은 보디 변화에 어떻게든 대처할 수 있다는 점이다. 휠베이스에 제약을 받던 기존 플랫폼에서는 모노코크 강도가 베이스 모델에서 규정되어 버리기 때문에 특수한 모델을 만들게 되면 대폭적인 보강과 설계변경을 초래한다. 따라서 기존 생산라인으로 대응이 안 되면서 일시적인 생산공정을 만들게 된다. MQB에서는 보디 후반부를 자유롭게 만들 수 있기 때문에 어느 정도의 약속만 지켜지면 어떤 보디든지 간에 공용 생산라인에서 만드는 것이 가능하다. 그 전형이 오픈카로서 가볍고 저비용의 지붕이 없는 모델이 빨리도 등장한 것이다.

▶ 아우디 A3 카브리올레
1.4 TFSI

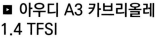

전장×전폭×전고 : 4421×1793×1409mm
휠베이스 : 2595mm
무게 : 1365kg

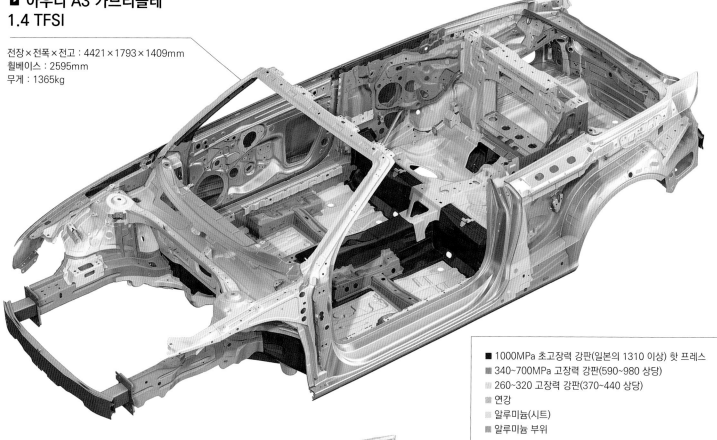

- ■ 1000MPa 초고장력 강판(일본의 1310 이상) 핫 프레스
- ■ 340~700MPa 고장력 강판(590~980 상당)
- ▥ 260~320 고장력 강판(370~440 상당)
- ▨ 연강
- ▧ 알루미늄(시트)
- ▩ 알루미늄 부위

오픈 보디가 갖는 강성 부담

70페이지의 클로즈드 보디와 비교해 한 눈에 알 수 있는 것은 A필러에 고장력 강판을 사용하지 않았다는 점이다. 루프부터 보디 뒤쪽으로 응력을 받는 부분이 없기 때문에 여기에 강도를 줄 필요가 없기 때문이다. 그 대신에 바닥과 사이드 실이 강성 유지를 도맡아서 받기 때문에 두께와 강도가 높아졌다. 또한 도어 뒤쪽과 후반부 벌크헤드가 상당한 부담을 받게 되어 있어서 필연적으로 개구부가 적은 2도어·노치백 보디를 선택하는 이유를 잘 알 수 있다.

SKYACTIV Body Mazda AXELA/ATENZA

일괄기획과 모델 별 최적화

마쓰다의 제6세대 상품들에 있어서 공통 키워드는 「스카이액티브」로서, 개발은 모든 모델에 다 적용된다.
그 가운데 보디는 어떤 모델이 최적화가 이루어졌을까.

본문&사진 : 마키노 시게오　수치 : 마쓰다

■	1500MPa high-tensile
■	780/980MPa high-tensile
■	590MPa high-tensile
□	340/440MPa high-tensile
■	270MPa steel

▶ 마쓰다 악셀라 5도어 해치백

전장×전폭×전고 : 4460×1795×1470mm(4WD 제외)
휠베이스 : 2700mm
무게 : 1240~1450kg(4WD 제외)

차량중량에 맞춘 최적화

일괄 기획인 만큼 다음 페이지 아텐자와 매우 비슷하다. 다만 보디의 크기 차이 때문에 아텐제자가 악셀라보다 60~90kg이 무겁다. 악셀라는 가벼워진 만큼 세부적인 설계를 새롭게 해 과잉 보디가 되는 것을 막고 있다. 그런 예가 아래 일러스트에 그려져 있는 강화 부자재들로서 아텐자와는 변형 과정이 다르다. 한 쪽에 3개씩 강화된 부자재는 현재 모델과 비교해 전방 쪽에서 15.3kg을 경량화하는데 도움이 되었다.

1.8G 범퍼 빔

이 정도로 인장강도가 높은 자동차용 강판은 일찍이 사용된 적이 없다. 이 일러스트의 범퍼 빔 안쪽으로 살짝 보이는 검은 부분이다. 차량중심에서 가장 먼 위치에 있는 부자재로서 이것을 조금이라도 경량화해 요 관성 모멘트를 줄이고 싶어하는 발상을 주행 실험부문도 갖고 있었다. 다만 이 정도 강도의 강재(鋼材)를 보디 골격 내에 사용할 수 있을지 없을지는 미지수이다.

스몰 옵셋 충돌대응

차량 실내의 일부(전폭의 10분의 1)에 지나지 않는 약간의 오버랩으로 「측면충돌」사고를 상정한 스몰 옵셋이라고 하는 시험을 미국 NHTSA(국가고속도로 안전국)가 도입할 계획이다. 펜더가 벗겨지는 정도의 충돌로서 대책은 A필러가 시작되는 부분의 강화를 생각할 수 있다. 타이어가 여기에 부딪치지 않고 밖으로 벗어나게 하는 보디 변형 제어를 목표로 했다.

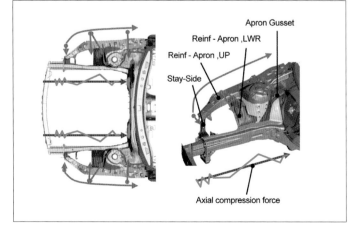

Apron Gusset
Reinf - Apron ,LWR
Reinf - Apron ,UP
Stay-Side
Axial compression force

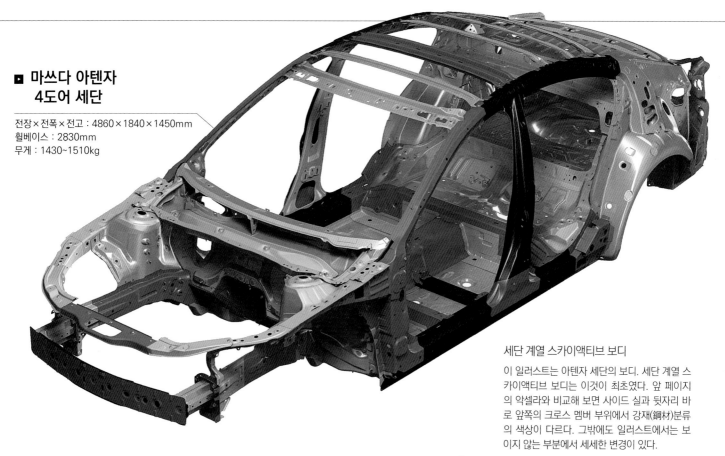

■ 마쓰다 아텐자
4도어 세단

전장×전폭×전고 : 4860×1840×1450mm
휠베이스 : 2830mm
무게 : 1430~1510kg

세단 계열 스카이액티브 보디

이 일러스트는 아텐자 세단의 보디. 세단 계열 스카이액티브 보디는 이것이 최초였다. 앞 페이지의 악셀라와 비교해 보면 사이드 실과 뒷자리 바로 앞쪽의 크로스 멤버 부위에서 강재(鋼材)분류의 색상이 다르다. 그밖에도 일러스트에서는 보이지 않는 부분에서 세세한 변경이 있다.

마쓰다의 핫 스탬핑 소재 사용

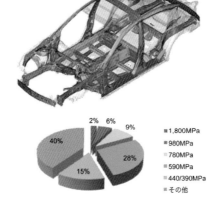

- ■ 1,800MPa
- ■ 980MPa
- ■ 780MPa
- ■ 590MPa
- ■ 440/390MPa
- ■ その他

2% 6% 9% 40% 28% 15%

왼쪽 그래프와 일러스트는 악셀라의 화이트 보디에 사용하는 종류별 강판과 그 사용 부위이다. 1800MPa의 초고장력 강판 소재는 전방(색이 숨겨져서 보이지 않지만)과 후방의 범퍼 빔에 사용하고 있다. 현재 상황에서 세계에서 가장 인장강도가 높은 자동차용 강재이다. B필러는 핫 스탬핑(HS). 왼쪽 사진은 악셀라의 보디 제조 라인으로 아래쪽으로 크게 구멍이 뚫린 형상의 B필러를 확인할 수 있다. 이 형상이 실제 충돌실험을 통해 만들어진 것이다.

설계와 디자인, 제조, 실험이 만들어낸 합작품

스카이액티브 보디를 처음 사용한 것은 CX5이고, 제2탄은 아텐자이다. 악셀라는 3모델 째이다. CX5로 시작된 「제6세대」는 전부 일괄적으로 기획된 상품군으로서, 파워트레인이나 보디도 커먼 아키텍처 즉 공통으로 사용되는 것들이다. 기본적인 것은 공통사용, 세부적인 것은 모델별 적정화라는 것이 현재 마쓰다의 노선이다.

보디 개발은 보디 설계부문만으로는 완결되지 않는다. 제조부문 쪽 협력이 필수이다. 동시에 디자인 부문이 그린 스타일링을 실현하기 위해서는 내부 골격인 보디 쪽이 디자인을 충분히 흡수하지 않으면 안 된다. 악셀라 개발에 있어서는 이 부문 간 협업이 CX5 및 아텐자보디 원활하게 진행되었다고 한다. 강판의 프레스 정밀도가 높아졌고, 보디 조립 정밀도도 높아졌으며 접합은 거의 완전하게 스패터(spatter)가 발생하지 않는 결과를 낳았다. 그런 의미에서는 설계와 디자인과 제조의 「합작」이다.

악셀라 3도어·해치백의 스카이액티브 보디는 마쓰다에서 처음으로 보디 골격부분에 핫 스탬핑(열간성형)로 만들어진 초고장력 강판(UHTSS, UltraHigh Tensile Strength Steel)을 사용하고 있다는 점이 특징이다. 세계적으로 살펴보면, 특히 유럽에서 핫 스탬핑 소재 사용이 증가하고 있다. 마쓰다도 CX5 차량을 기획하던 단계부터 핫 스탬핑 사용을 검토했지만 테스트 단계에서 문제가 생겼다. B필러 이너에 1350MPa의 핫 스탬핑(이하 HS) 소재를 사용했더니, 법규 요건보다도 엄격한 미국 IIHS 사양의 측면충돌 이동벽(barrier)과 부딪친 다음에 스폿 용접이 부분적으로 떨어지는 것이다. 이 원인을 규명하는 일과 대책을 세우는 것이 설계팀의 중요한 임무였다.

IIHS의 충돌 이동벽은 유럽과 미국, 일본의 측면 충돌 안전기준시험에서 사용하는 것과 비교해 높이가 다르다. 측면에서 트럭이 충돌해 오는 상황을 상정한 시험을 하기 때문이다. 「도어 개구부 플랜지의 벨트 라인 부분에서 스폿이 떨어져 나갔습니다. 원인은 HAZ(Heat Affected Zone=열 영향 부위)와 아연합금 균열 때문이었습니다」라는 마쓰다 쪽의 말이다. 일본은 유럽에서 사용하지 않는 GA(아연 도금)강판을 사용하기 때문에 접합이 어렵다. HAZ 연화 부위에 응력이 집중되면서 크랙이 들어간 것이다.

대책은 B필러 이너 형상을 개선하는 것이었다. 동시에 사이드 실 바로 위쪽에 약간 큰 구멍을 뚫었다. 보디 설계 부문에서는 다음과 같이 설명한다.
「이 부분이 너무 강하면 측면 충돌 충격이 사이드 실 전체와 플로어 방향으로 전달되어 모드 제어를 하기가 어려워질 뿐만 아니라 B필러 자체의 변형도 불러옵니다. B필러 아랫부분을 약하게 해 사이드 실 바로 위에서 휘어지도록 함으로서 필러가 휘는 포인트를 제어하게 되죠. 이것은 통상적인 B필러 설계에서도 등장하는 테마입니다. 무엇보다 어느 정도

면적의 구멍을 뚫을 것인지가 중요하죠. 또 그 형상은 어떻게 할지도요. HS소재에 대한 노하우가 없었던 만큼 최적화하기까지 많은 어려움이 있었습니다.」
B필러는 루프(지붕) 사이드 레일과 사이드 실이라고 하는 두 가지 들보(梁) 사이에 들어가는 기둥이다. 그런데 충돌할 때 B필러가 여기에 위해를 가하는 경우가 있다. 「그렇게 되지 않도록 재료와 구조를 감안하는」것이 마쓰다가 표방하는 적절한 「기능의 배정」이다. 이것과 똑같은 일들이 여기저기 세부적인 설계에서도 일어났다.

도어는 서브 어셈블리 라인으로 간 다음 나중에 보디와 합체된다. 이런 제조상 제약이 아주 사소하게나마 도어의 분리선(parting line)에 편차를 허용하게 만들었다. 가령 0. 몇 mm라도 발견이 되면 대책을 세운다.

리어 엔드 패널과 리어 사이드 프레임의 접합부분은 440소재를, 리어 사이드 프레임은 590 소재를 사용. 북미의 후부 충돌요건이 있기 때문에 리어 플로어 형상도 프런트와 똑같다. 해치백 차량에서는 보디 강성에 영향을 주는 부분이다.

이 바로 위로 리어 시트가 위치한다. 심지어 리어 서스펜션의 트레일링 암이 전방 상향 상태로 보디에 연결되는 부분이 바로 밑에 있다. 플로어는 약간 두꺼운 연강으로, 사이드 실 쪽은 이 아래에 590/440 소재의 멤버가 들어가 있다.

이 크로스 멤버는 연강 위에 고장력 소재를 인접판으로 쓰고있다. 세단과 해치백에서는 강판의 강도와 보강범위가 다르다. 이 멤버부터 리어 휠 하우스를 따라 세단은 리어 쉘까지 해치백은 루프 주변의 보강재까지 보강이 연장된다.

센터 터널(590 소재)과 뒷좌석 아래의 크로스 멤버(앞 페이지 사진과 동일)가 만나는 T자 부분은 7개 부품으로 구성된다. 세분화한 이유는 부자재마다 강도 또는 강성이 어느 정도 필요한지에 대한 「기능 배분」을 하기 위해서이다.

좌우 2장의 사진은 악셀라의 보디 용접 라인에서 무작위로 검사한 것이다. 기본적으로는 아텐자와 거의 똑같지만 가로 차이는 사이드 실의 폭과 형상(단면내부의 거싯 형상까지)에서 흡수한다. 부분적으로는 강판의 강도를 아텐자보다 낮추었지만 반대로 더 두꺼운 부분도 있다. 아텐자와 완전 똑같이 조립한 것은 악셀라의 차량무게로는 능력이 오버되기 때문이다. 필자의 추측으로 화이트 보디의 패널 개수는 280개, 스폿 타점은 약 6,500곳으로 보인다.

「보디 용접 라인에서 장착한 도어를 최종 어셈블리 전에 한 번 분리하게 되는데 다시 장착할 때는 자동기계로 합니다. 탈착된 상태에서 자동기계에서 보디 안으로 들어오는 도어의 궤적이 라인 상에서 제약을 받으면서 A필러의 라인과 도어 전단(前端) 라인의 하이라이트가 약간이나마 어긋났던 것인데불과 0. 몇 mm에 지나지 않지만 하이라이트는 안 맞게 됩니다. 최종적으로는 도어 쪽의 각도R을 수정했습니다.」

「폐단면 안에는 들어 있는 마디는 베테랑 설계자가 도면을 그리면 아주 깨끗하게 플랜지 형상을 그리는데 정말로 그렇게 깨끗하게 하는 것이 좋으냐면 뜻밖에도 그렇지 않다는 겁니다. 『기능을 양으로 변경하는 것』이 현재 마쓰다의 보디 설계 테마입니다. 부자재 하나하나의 기능을 처음부터 다시 검토해 기능량(機能量)을 부품 별로 할당합니다. 중량과 비용, 공법에 대한 관리는 이 기능량이 시작점입니다. 이런 개념으로 생각하면 플랜지는 군더더

기에 지나지 않는 것이죠. 이 부분에 얼마만큼의 강도·강성이 필요한지를 생각했고 그 결과 몇 그램을 줄일 수 있게 되었죠. 이것이 쌓이면서 커지는 겁니다.」
설계팀은 원료 대비 제품 생산비율(first pass yield) 향상에 있어서도 이런 티끌 모아 태산 격인 노력을 몇 백 건이나 했습니다. 루프 안에 들어가는 크로스 멤버 가운데 프레스에 의한 「변형」이 발생해도 문제가 없는 것은 코일 소재에서 제거한 상태의 폭으로 프레스하고

있다. 제품 생산비율이 95%까지 나오는 것이다. 현재의 마쓰다 보디 설계팀은 보기에만 좋은 도면을 그리는 것이 아니라 철저하게 기능을 최적으로 안배한 합리적 도면을 그리는데

주력하고 있다. 또한 보디 설계팀이 「정말로 머리가 숙여집니다」하고 말했던 제조 현장의 노력. 나아가서는 「악셀라는 좋은 설계라고 하기보다 제조 현장의 노력과 히로시마 주변

의 서플라이어의 노력에 힘 입은바가 큽니다」라고 했던 팀워크이다.

이 부근의 플로어 패널은 아텐자와 똑같다. 멤버가 지나가는 부분 이외의 강판은 270 소재의 연강. 바닥 부분은 선대 악셀라에 비해 저항 스폿용접의 타점 밀도가 높다. 25mm 피치 이하로 용접하는 장소는 때리는 순서와 작업 구역을 연구한다. 놀라운 것은 보디 용접 공정 전체 구역에서 거의 스패터가 튀지 않는다는 점이다. 「붕~」거리는 소리만 들린다. 용접조건은 부위, 판 두께, 강판종류에 따라 세세하게 설정되어 있다고 한다.

운전석/동승석 바로 밑에 위치하는 크로스 멤버는 정확하게 벌크헤드와 뒷자리 멤버 중간에 위치한다. 측면 충돌시험에서의 입력은 이 후방(화면 왼쪽방향)에 있는 크로스 멤버가 직접 받지만 사이드 실이 실내로 들어오는 것은 이 크로스 멤버가 막아낸다.

벌크헤드 부분에서 플로어 아래로 들어간 프런트 사이드 멤버는 여기에 보이는 차량 실내 쪽 보강재(440)분만 아니라 플로어 패널 안쪽도 리어 사이드 멤버까지 고장력 소재와 연강을 구분한 보강판이 뻗어 나간다. 또한 아텐자 개발 중간에 들어온 스몰 옵셋에 대응하기 위해 프런트 휠 아치 및 A필러가 시작되는 부분은 벨트라인부터 사이드 실까지 보강이 들어간다. 톱 해트(top hat) 쪽에서 아텐자와 다른 것은 이 부분이다.

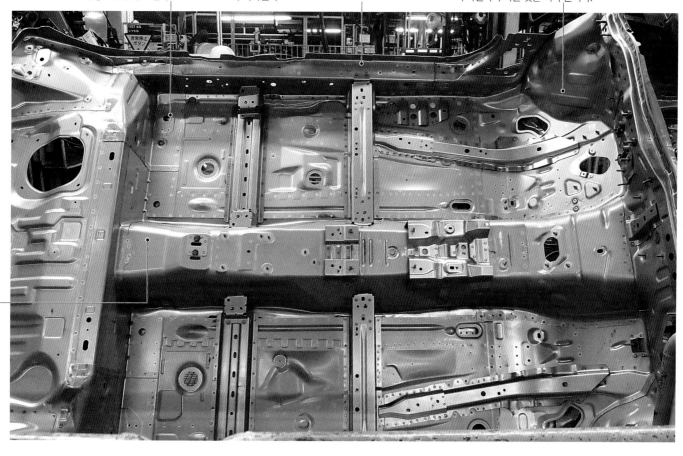

마지막으로 보디 설계팀은 이렇게 말했다. 「CX5와 아텐자에서 해온 일 가운데 악셀라 개발에서는 바꿔야 할 부분과 그대로 답습해야 할 부분이 더 명확해졌습니다. 향후 개발에 있어서 살려야 할 노하우도 새롭게 축적할 수 있었고요. 일과성 작업으로 끝나지 않도록 계속해서 노하우를 축적해 나가는 것이 중요합니다. 처음으로 돌아가 고정과 변동의 영역을 다시 살펴보는 일은 앞으로도 모델 개발을 해나가면서 지켜나갈 겁니다.」

차량 개발 본부 보디 설계부 보디벨 개발 그룹의 아오누마 다카히로 어시스턴트 매니저(사진좌측)와 아오누마 씨가 「싱싱한 자극제」라고 소개해 준 나카무라 다케시 씨. 보디에 대한 자료를 많이 갖고와 취재에 응해 주었다.

Nissan SKYLINE

"스틸에 대한 끝없는 연구" 닛산의 목표는 초고장력 강판 사용 비율 25%

닛산은 신형 스카이라인(인피니티 Q50)에 세계 최초로 1.2GPa급 고성형성 초고장력 강판을 사용했다.
알루미늄이나 CFRP 등과 같은 복합소재로 재료를 바꾸기 전에 먼저 철에 대한 철저한 연구가 닛산의 전략이다.

본문 : 스즈키 신이치 사진 : MFi / 닛산

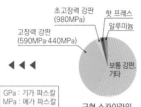

고장력 강판 사용 비율

초고장력 강판(1.2GPa)
핫 프레스
초고장력 강판(980MPa·780MPa)
알루미늄
고장력 강판(590MPa·440MPa)
보통 강판, 기타
신형 스카이라인

초고장력 강판(980MPa)
핫 프레스
고장력 강판(590MPa·440MPa)
알루미늄
보통 강판, 기타
구형 스카이라인

GPa : 기가 파스칼
MPa : 메가 파스칼

11kg 경량화에 성공

왼쪽이 구형, 오른쪽이 신형 스카이라인의 고장력 강판 사용 비율. 적색으로 표시된 1.2GPa급 고성형성 초고장력 강판의 사용과 790/980MPa 및 알루미늄 소재의 증가로 보디에서 11kg이 가벼워졌다.

세계 최초로 사용된 1.2GPa급 고장력 소재

적색으로 칠해져 있는 A/B/C 필러와 사이드 실 일부에 1.2GPa급 고성형성 초고장력 강판을 사용. 현재는 차체 상부에 사용하지만 앞으로는 적용부위를 확대할 방침. 스카이라인은 초고장력 강판의 사용확대 등을 통해 11kg의 경량화에 성공하고 있다.

인피니티 Q50의 화이트 보디

보디 크기가 선대 V36형보다 약간 커졌지만 기본이 되는 플랫폼은 그대로이다. FML 플랫폼을 사용. 그렇기는 하지만 강화되는 충돌안전이나 연비규제에 대응하기 위해 더 가볍고, 더 강하고, 더 충격을 흡수하는 보디를 만들기 위해서 다양한 개량을 실시하고 있다. 핫 프레스 소재, 1.2GPa급 고장력 강판, 알루미늄 소재의 사용부위 확대를 통해 선대 대비 화이트 보디에서 11kg을 가볍게 하는데 성공했다. 닛산은 2017년 이후에는 초고장력 소재(780MPa 이상) 비율을 25%까지 높여 15%의 차체 경량화를 도모한다. 15% 경량화로 5%의 CO_2 절감효과를 기대하고 있다. 소재만으로는 경량화할 수 없다. 구조 합리화도 거기에 포함되어 있다.

1.5GPa급 HS강도 사용

바닥의 황색 부분은 1.5GPa급 HS강(핫 프레스). 1.2GPa급 고성형성 초고장력 강판이 냉간 프레스인데 반해 HS강은 열간 프레스 성형. 강판을 가열하고 나서 프레스하는 HS강은 인장강도가 뛰어나지만 가공하기가 어렵다.

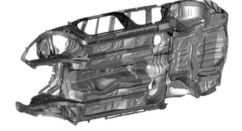

■ 1.2 GPa　■ 780~980MPa+HS
■ 440~590MPa　■ 연강

고장력 강판 사용 비율을 높이는 전략

차세대 고장력 개발로 청색 부분이 황색으로 황색 부분이 적색으로 재료의 변경이 진행될 것이다. 닛산은 2017년 이후 1.2GPa급을 포함한 초고장력 강판의 사용 비율을 25%까지 확대하는 한편, 보디 구조의 합리화를 포함해 15%의 차체 경량화를 지향한다.

스폿 용접 조건의 최적화로 실현

접합기술 향상이 세트를 이루면서 처음으로 1.2GPa급 고성형성 초고장력 강판을 사용할 수 있게 되었다. 기존의 스폿 용접설비를 사용할 수는 있지만 가압력과 전류, 통전시간을 고도로 제어할 필요가 있다.

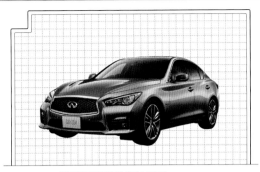

NISSAN INFINITY Q50

전장×전폭×전고 : 4370×1785×1440mm
휠베이스 : 2645mm
무게 : 1430kg

강판의 응력 변형도

(그래프: 세로축 응력 MPa, 가로축 변형률(歪) %)
- 1.2GPa, 고연성 1.2GPa — 초고장력 소재
- 980MPa급
- 590MPa급 — 고장력 소재
- 440MPa급
- 연강

초고장력 소재의 적용부위 확대

고연성(高延性) 고장력 소재는 경질상(硬質相)·연질상(軟質相)의 조직분율(分率)을 최적화함으로서 고연성과 고강도를 양립. 마텐자이트를 넣어 프레스 전에는 연해지는, 프레스 후에는 강해지는 성질을 가진 강판을 개발했다.

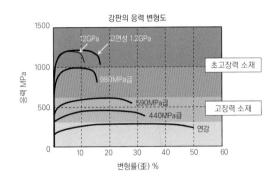

(도표: 세로축 강성, 가로축 引張強度. 440MPa → 590MPa → 780MPa → 980MPa → 1.2GPa, 고연성 1.2GPa. 현재 상태 / 차세대 고장력)

통상적인 프레스기가 사용할 수 있는 980MPa 정도의 성형성

세로축에 응력, 가로축에 변형률을 두면, 인장강도(세로축)가 늘어나면 늘리기가 힘들어지는(가로축) 것을 알 수 있다. 이번 1.2GPa급 고성형성 초고장력 소재는 980MPa급과 거의 같은 수준의 연장 편리성(가공 편리성)을 실현한 것이 특징이다.

큰 효과를 얻을 수 있는 초고장력 소재 사용을 확대

닛산이 스카이라인 보디에서 시도했던 것은 「스틸을 최대로 개량해 사용하는 것」이다. 물론 목표는 강하고 가벼운 보디를 민드는 것이다. 특히 경량화는 CO_2 절감에 큰 영향을 끼친다. 단순히 가볍게 하는 것 뿐이라면 스틸에서 알루미늄이나 수지(CFRP를 포함)로 재료만 바꾸면 실현이 가능하지만 가격이 아직 상당히 비싸다. 그래서 닛산은 극한까지 가볍게 만들 수 있는 스틸사용을 선택했다. 물론 닛산이 직접 신소재를 개발하는 것은 아니다. 이번에 세계 최초로 사용한 1.2GPa급 고성형성 초고장력 소재는 신일철주금(新日鐵住金), 고베 제강소와 공동으로 개발한 「차세대 고장력 소재」이다.

인장강도를 높이면 부품의 판 두께를 얇게 할 수 있다. 단순히 얇게만 한다고 해서 좋은 것은 아니지만 연강을 980MPa 고장력 소재로 바꾸면 38%, 1.2GPa급으로 바꾸면 45%나 판 두께를 얇게 할 수 있다고 한다. 물론 초고장력 소재는 비싸다. 하지만 판 두께를 얇게 하면 재료 사용량도 줄일 수 있고 단가 상으로도 이점이 있다고 한다. 자동차 메이커 입장에서는 단가, CO_2 절감 측면에서 큰 효과를 거둘 수 있는 것이 초고장력 소재의 사용 확대인 것이다.

다만 인장강도를 높이면 성형성이 떨어진다. 스카이라인에 사용한 1.2GPa급 고성형성 초고장력 소재는 강(鋼)의 조성까지 거슬러서 개량함으로서 통상적인 프레스기로 성형할 수 있는 뛰어난 성형성을 실현했다는 것이 특징이다. 성형에도 새로운 기술이 투입되어서 프레스 성형 후의 스프링백(springback) 분석 예상이나 스폿 용접 조건의 최적화 등 세밀한 주변기술이 뒷받침되면서 1.2GPa급 고성형성 초고장력 소재를 사용한 것이다. 닛산은 2005년도 대비 2017년 이후에 보다 무게 15%를 경량화할 계획이라고 한다.

SUBARU IMPREZA/XV
스바루 보디의 개념과 제조

▶ INTERVIEW │ 백창호 (스바루 기술본부 차체설계부 주사)

후지 중공업에서 승용차 보디 개발을 담당하는 백창호씨에게 최근의 스바루 보디에 대해 들어보았다.
「스바루 보디가 점점 좋아지고 있다」고 하는, 근래에 필자가 받은 인상이 대체 어디서 연유한 것인지를 추적해 보았다.

본문&사진 : 마키노 시게오   수치 : 스바루

보디 설계의 베이스는 임프레자

모터나 베터리 모두 스바루의 4WD 시스템과 잘 조화시켰다. 이
곳저곳이 모두 극한의 치수까지 도달했다. 특히 리어 플로어 바닥
아래에 배치한 베터리. 후방 충돌요건과의 정합은 어쨌든 「공격적
인 설계」의 산물이다.

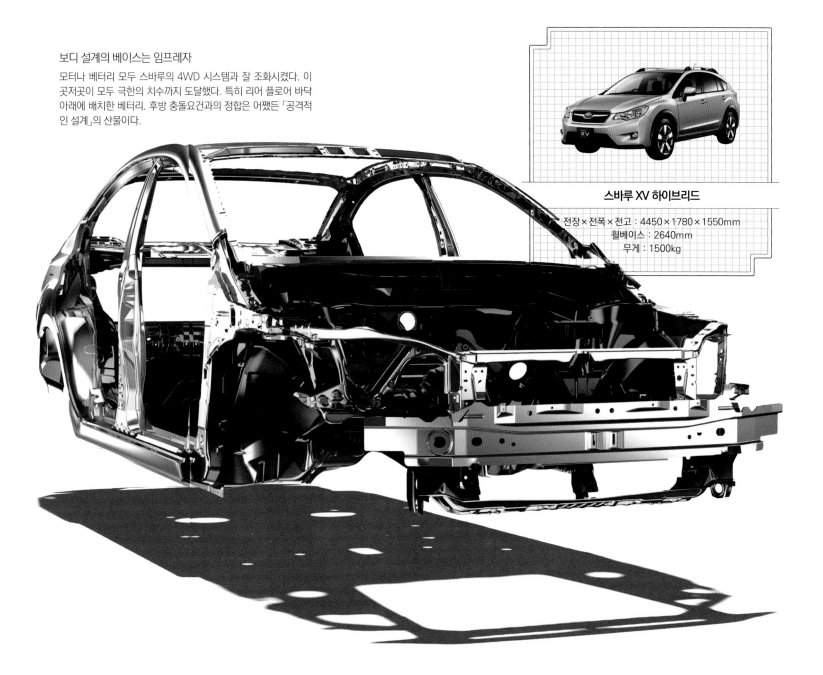

스바루 XV 하이브리드

전장×전폭×전고 : 4450×1780×1550mm
휠베이스 : 2640mm
무게 : 1500kg

보디 설계에는 각 메이커마다 일종의 전형 같은 것이 있다. 그리고 그런 전형은 때때로 크게 바뀐다. 단기간으로는 알지 못해도, 예를 들면 풀 모델 체인지된 3가지 차종을 10년 정도의 시간을 갖고 보면 「이 모델의 개발이 큰 전기였구나」하고 깨닫게 되는 경우가 있다. 스바루 자동차에서 말하자면 3년 전에 발매된 현행 임프레자가 그렇다. 이 다음에 등장한 포레스타와 XV는 임프레자의 연장선상에 있다. 담당자가 바로 백창호 주사이다.

「확실히 임프레자에서 크게 바뀌었죠. 보디 설계 부서 내에서만 그런 것이 아니라 전사적으로 보디가 중요하다는 것을 인식한 결과입니다.」
2010년 12월 발매이므로 그보다 빠른 3년 전에 보디 개발 콘셉트 입안이 시작되었을 것이다. 07년이라고 하면 독일에서 개최된 자동차 보디 기술자 국제회의인 유로 카 보디에서 현지의 많은 신형 차량들이 충돌 내구성이 중요한 부위에다 핫 스탬핑 소재를 사용한다고 공

표했던 해이다.
「그렇습니다. 보디 개발 테마가 질감(質感)으로 바뀌기 시작했죠. 가볍게 하는 것이 중요하기는 하지만 그냥 가볍기만 해서는 안 되는 겁니다. 유로 카 보디에서 펼쳐진 각 메이커의 프레젠테이션에서도 그것을 느꼈습니다. 접합방법 측면에서 말하자면 웰드 본드(weld bond, 구조 잡착제)와 레이저 선용접을 사용한 사례가 당시에 갑자기 많아졌죠. 확실하게 접합하기 위한 것이었습니다. 그렇게 함으로서 보디

보디 개발의 테마는 질감. 단순히 가볍기만 해서는 안 됩니다.

가 견고해지죠. 그것이 여러 질감에 효과를 주는 겁니다.」
질감이라는 표현은 어렵다. 기술자에게 있어서 이런 애매한 표현은 쉽게 전달되지 않는다. 스바루는 어떤 질감을 지향하는 것일까.
「말하자면 보디 강성도 질감이고 보닛 후드를 열었을 때 보이는 보디 안쪽이 보기 좋은 것도 질감입니다. 우리들이 지향하는 것은 3가지 질감입니다. 첫 번째는 눈에 확 들어오는 겁니다. 디자인이 좋다는 차원이 아니라 튼튼할 것 같

다든가 달릴 것 같다든가 믿음직스럽다고 느끼는 직감적인 질감인 것이죠. 유럽의 프리미엄 브랜드는 전부 다 이런 부분을 갖고 있습니다.」
듣고 보니 느낌이 온다.
「두 번째는 자동차에 타서 도어를 닫고 시트에 앉아 핸들을 잡았을 때의 자동차를 움직이기 전에 느끼는 질감입니다. 세 번째는 당연히 달렸을 때의 질감입니다. 조종 안정성이나 NVH(진동소음)도 있겠지만 '어라, 단단한데' 하고 느끼는 질감입니다.」

임프레자에서는 이 3가지 포인트를 지향했다고 백 주사는 말한다. 당연히 사내 각 부문에 보디 설계부로서의 목표를 전달해야 하고 찬동도 받아야 한다.
「질감을 설명하기는 어렵지만 우리 엔지니어들은 원리원칙을 좋아하기 때문에 그런 방법을 사용하는 겁니다. 그 결과 질감 보디라고 하는 방향성에 찬동해 준 것이죠.」

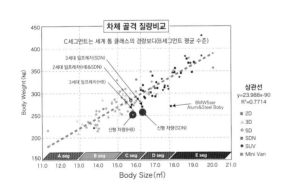

가벼움은 반드시 「주행 성능」에 효과를 발휘

이 그래프는 현행 임프레자가 지향한 중량 경감 목표가 얼마나 험난했던가를 말해준다. 평균적인 설계를 했다면 평균 수준에 머무른다. 하지만 백 주사는 「연강을 고장력으로 바꾸고 두께를 줄여 가볍게 하는 것은 안이하다」고 단호히 말한다. 모든 부분에서 가차없이 절감한 중량의 합계가 이 표에 나타나 있는 것이다.

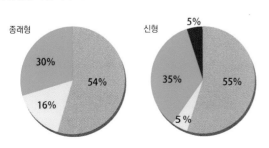

고장력 강판 사용 비율

그렇기는 하지만 고장력 강판의 사용이 지금은 당연한 일이고 공급이 늘면서 단가도 떨어졌다. 이 두 가지 그래프의 대비가 그것을 말해준다. 하지만 고장력으로 바꾸고 더구나 「두께」가 두껍게 된 부분도 있다. 상식적으로는 생각할 수 없는 방법이다.

980MPa급 고장력 강판의 증가

사이드 실, B필러, A필러 시작부위의 삼각 코너, 프런트 사이드 멤버 등 일부분에 980 소재가 사용되고 있다. 그 이상으로 눈길을 끄는 것은 A필러의 가늘기이다. 전방 충돌할 때의 부하경로(load path)에는 빼놓을 수 없는 부분이지만 이것도 「한계를 파악」했기 때문에 가능한 설계였을까. 잘 관찰하면 실로 상당히 공을 들인 보디이다.

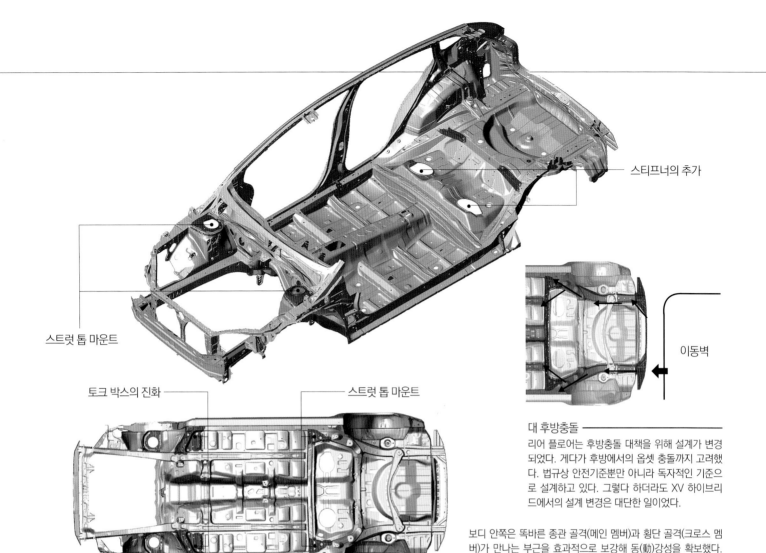

스티프너의 추가

스트럿 톱 마운트

토크 박스의 진화

스트럿 톱 마운트

이동벽

대 후방충돌

리어 플로어는 후방충돌 대책을 위해 설계가 변경되었다. 게다가 후방에서의 옵셋 충돌까지 고려했다. 법규상 안전기준분만 아니라 독자적인 기준으로 설계하고 있다. 그렇다 하더라도 XV 하이브리드에서의 설계 변경은 대단한 일이었다.

보디 안쪽은 똑바른 종관 골격(메인 멤버)과 횡단 골격(크로스 멤버)가 만나는 부근을 효과적으로 보강해 동(動)강성을 확보했다. 앞쪽은 엔진 회전의 2차 모멘트에 의한 「세차운동(precession)」의 방지, 후방은 뒷바퀴의 추종성 향상을 노렸다.

하지만 실제 개발에서는 그 질감을 수치로 드러내지 않으면 안 된다.

「그렇습니다. 그때까지는 질감을 수치화해오지 않았죠. 예를 들면 도로 연석에 한 쪽 바퀴만 올리고 자동차를 세운 다음 뒷문을 열고 물건을 내린다고 치죠. 이때 뒷문 주변에서 『기긱~』거리는 소리가 나면 고객은 『싼티나네』하고 생각할 것이 틀림없습니다. 보디가 어느 정도 어긋나면 소리가 나는지 그 한계는 몇 mm인지. 그런 수치는 알아두어야 합니다. 감성 영역의 수치화라는 것은 그런 것이죠.」

과연 후지중공업처럼 기술 제일주의 사상을 갖고 있으면 예전에는 그런 부분을 「어쨌든 튼튼하게」하고 지나쳤을지도 모른다.

「세계에서 제일 가벼운 보디를 만들겠다든가, 충돌 안전성에서 세계 제일이 되겠다든가, 그런 목표는 내세우지만 『기긱~』거리는 소리를 수치화해 오지는 않았던 것이죠.」

그런 점에서 임프레자에서는 앞서 언급한 3가지 질감을 보디의 어떤 부위는 어떻게 할 것인가라는 수치목표를 잡고 그것을 만족시키는 개발이 시작되었다.

「그런데 임프레자 기획단계에서 이런 방침이 내려졌습니다. 보디 수치는 늘리지 않는다. 실내는 현행 비율에서 넓게 한다. 보디 중량은 줄인다. 이런 목표가 제시된 겁니다.」

이런 점들을 해결한 상태에서 질감도 충분히 반영하라는 뜻이었을까… 당연히 보디의 비틀림 강성은 몇 십 % 향상해야 한다는 목표도 들었을 것 같다. 백 주사는…

「그래도 한 가지 자신이 있었던 것은 보디 설계부서 안에서 한계값을 철저히 추구했다는 겁니다. 자동차로서 성립하는 한계 상황의 설계는 어떤 것일까 하는 것을 말이죠. 이것보다 아래의 강도·강성은 이미 자동차가 아니라는 생각으로 한계치 데이터를 프런트 섹션, 사이드 스트럭처, 플로어 등 부분 별로 해석이나 계산을 통해 구해 나갔습니다. 질감 추구에 대한 토대로 삼겠다는 생각으로 모은 데이터입니다.」

과연이라는 느낌이 들었다. 그렇다면 임프레자 보디 개발은 원활하게 진행된 것일까.

「그렇지만도 않았습니다(웃음). 빡빡했죠. 무게를 줄이고 실내를 넓히고, 거기에 가볍기까지 해야 했으니까요.」

실례했습니다. 그랬었군요….

「예를 들면 더 인장강도가 나가는 고장력 강판(high tensile steel)으로 바꿔서 강판 게이지(두께)를 줄이는 안이한 방법으로는 질감을 포함한 목표는 해결할 수 없습니다. 그래서 보디의 모든 부위에 대해 단면적을 검증했습니다. 유효단면적 최대값을 지향해 나가는 것이죠. 한계 데이터를 갖고 있기 때문입니다.」

오오, 고장력 강판 사용을 통한 두께 감축을 안이한 방법이라고 단언했다!

「예를 들면 이 부자재는 어떤 방향의 강성을 노리는지. 세로 쪽인지, 가로 쪽인지. 세로방향을 노린다면 가로방향을 깎을 수 있습니다. 거기서 부자재 폭을 5mm 줄일 수 있다면 부자재가 길면 길수록 경량화 효과가 있겠죠. 그런 발상으로 단면을 최대한 작게 해 나갔던 겁니다.」

고장력 강판으로 바꿔서 강판의 두께를 줄이는 안이한 방법으로는
목표를 달성할 수 없습니다. 그래서 모든 장소의 단면적을 검증했습니다.

골격의 단면을 보여주면서 백 주사가 열심히 설명해 준다.

「여기! 리어 플로어입니다. 단면의 감소 효과가 잘 나타나 있습니다. 프레임의 해트(hat) 단면을 상하방향으로 확보하고 부자재 단독적인 횡강성은 일부러 줄였습니다. 그래도…」 백 주사가 빙긋 웃는다.

「크로스 멤버 위치를 조금 이동시켜 보았죠. 물론 크로스 멤버 단면도 예외 없이 줄였습니다만, 차체로 들어오는 입력 포인트를 잘 이용해 여기서 횡방향 강성을 끌어냈습니다.」

백 주사는 그런 사례를 계속해서 열거한다. 모든 것이 이론적으로 자동차를 XYZ 축으로 끊어가면서 모든 단면 데이터를 기억하고 있는 거 아닌가 하는 생각이 들 정도로 정확하게 말해 준다.

「자신이 담당하는 부분 밖에 모르고 다른 것은 타인에게 맡긴다는 것은 좋지 않죠. 하다못해 담당부위에서 반경 50cm 범위는 알아두려는 활동을 했습니다. 자동차는 연결되어 있기 때문인 거죠. 예를 들면 프런트 섹션은 놔두어도 단단합니다. 충돌대책이 있으니까요. 중요한 것은 『이음새』부분입니다. 프런트와 플로어, 사이드 스트럭처와 플로어 같은 이음새 부

분 말이죠.」

내 눈에 들어왔던 것은 뒷자리 직전에서 플로어가 올라와 있는 장소의 크로스 멤버이다. 거기서부터 리어 플로어가 시작된다. 센터 터널과 이 크로스 멤버의 결합부분이 고장력 강판끼리 깔끔하게 연결되어 있다. 전에는 중간에 연강 패널을 끼워넣었다. 성형성이 좋은 고장력 소재를 확보할 수 있게 되면서 일까….

「측면충돌 하중을 어떻게 받을까 하는 이유였습니다. B필러로 들어오는 입력을 조금 떨어진 이 크로스 멤버로 분담시킨 것이죠. 게다가 판 두께도 늘렸습니다. 물론 성형하는데도 힘이 들었습니다만 바로 뒤쪽이 사각형상의 단면이기 때문에 이것이 효과가 있는 것이죠.」

부자재 하나하나를 검증한다. 필요하다면 과감히 판 두께를 늘린다. 이런 방법은 보디 설계 전체를 항상 연구하는 사람이 있고 모든 스탭이 반경 50cm 룰을 준수하지 않으면 불가능하다.

「이 부분도 봐 주시죠」하고 백 주사가 XV 하이브리드 도면을 펼쳤다. 바닥 아래로 배터리가 들어가는 부분이다.

「애초에 XV 하이브리드는 북미에서 판매할 계획이 없었습니다. 그런데 도중에 방침이 바뀐

것이죠. 북미는 후방충돌 요건이 심합니다. 대책을 세우기가 까다롭긴 했지만 최종적으로는 바닥 아래의 수납공간도 늘려서 후방충돌에 대응할 수 있었습니다.」

어떻게 했냐고 하니까「충돌 충격을 그대로 전방으로 흐르게 하는 방법」이라고 한다. 불과 830mm의 리어 오버행 내에서 배터리를 망가뜨리지 않고 보디만 적절하게 찌그러지게 하고 그대로 남은 충돌 에너지를 보디 전방으로 보낸다. 뒤쪽으로부터의 다중 하중경로(multi load path)이다.

「그리고 이것도…」하고 백 주사의 설명이 이어진다. 하지만 유감스럽게 지면이 부족하다. 어쨌든 보디 설계 현장의 생생한 목소리는 전달되었을 것이다.

「여러분 WRX와 레보그를 꼭 즐겨봐 주시기 바랍니다.」

이것이 백 주사의 메시지이다.

스바루 WRX
주행성능을 중시하면 당연히 보디는 보강된다. 임프레자와의 차이가 어느 정도인지는 모르지만 백 주사는 「기대해 주시기 바랍니다」하고 자신만만하게 말한다. 그런 의미에서는 발매가 기대되는 모델이다.

스바루 LEVORG
레보그도 스바루의 차세대 상품. 도쿄 모터쇼에 전시됐었기 때문에 눈으로 본 독자도 있을 것이다. 양산 스테이션 왜건에서 정말로 만족할 만한 보디의 강성을 확보하기가 어려운데 과연 어떤 방법을 사용했을까.

자동차 보디 강판 동향

고장력 강판 사용은 어디까지 진행될까

아래 일러스트는 5년 반 전에 편역판12호에 게재했던 「자동차 보디 강판의 최신동향」을 새롭게 한 것이다.
5년 반 동안 강판의 강도는 더 강해지면서 여러 방면으로 고장력화가 진행되고 있다.

본문&사진 : 마키노 시게오

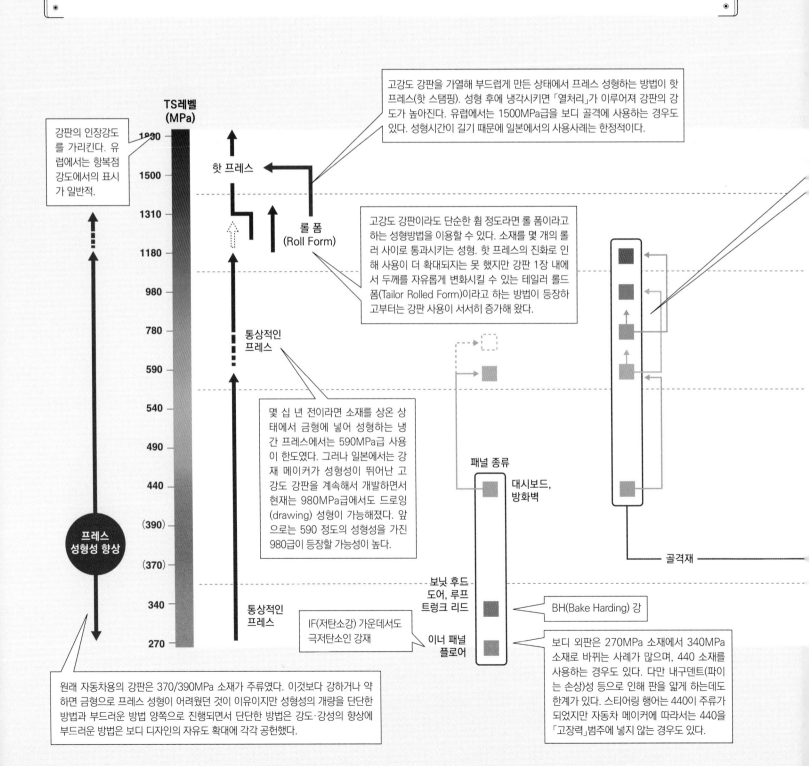

강판의 인장강도를 가리킨다. 유럽에서는 항복점 강도에서의 표시가 일반적.

TS레벨 (MPa)

고강도 강판을 가열해 부드럽게 만든 상태에서 프레스 성형하는 방법이 핫 프레스(핫 스탬핑). 성형 후에 냉각시키면 「열처리」가 이루어져 강판의 강도가 높아진다. 유럽에서는 1500MPa급을 보디 골격에 사용하는 경우도 있다. 성형시간이 길기 때문에 일본에서의 사용사례는 한정적이다.

핫 프레스

롤 폼 (Roll Form)

고강도 강판이라도 단순한 휨 정도라면 롤 폼이라고 하는 성형방법을 이용할 수 있다. 소재를 몇 개의 롤러 사이로 통과시키는 성형. 핫 프레스의 진화로 인해 사용이 더 확대되지는 못했지만 강판 1장 내에서 두께를 자유롭게 변화시킬 수 있는 테일러 롤드 폼(Tailor Rolled Form)이라고 하는 방법이 등장하고부터는 강판 사용이 서서히 증가해 왔다.

통상적인 프레스

몇 십 년 전이라면 소재를 상온 상태에서 금형에 넣어 성형하는 냉간 프레스에서는 590MPa급 사용이 한도였다. 그러나 일본에서는 강재 메이커가 성형성이 뛰어난 고강도 강판을 계속해서 개발하면서 현재는 980MPa급에서도 드로잉(drawing) 성형이 가능해졌다. 앞으로는 590 정도의 성형성을 가진 980급이 등장할 가능성이 높다.

프레스 성형성 향상

패널 종류

대시보드, 방화벽

골격재

보닛 후드
도어, 루프
트렁크 리드

BH(Bake Harding) 강

통상적인 프레스

IF(저탄소강) 가운데서도 극저탄소인 강재

이너 패널
플로어

보디 외판은 270MPa 소재에서 340MPa 소재로 바뀌는 사례가 많으며, 440 소재를 사용하는 경우도 있다. 다만 내구덴트(파이는 손상)성 등으로 인해 판을 얇게 하는데도 한계가 있다. 스티어링 행어는 440이 주류가 되었지만 자동차 메이커에 따라서는 440을 「고장력」범주에 넣지 않는 경우도 있다.

원래 자동차용의 강판은 370/390MPa 소재가 주류였다. 이것보다 강하거나 약하면 금형으로 프레스 성형이 어려웠던 것이 이유이지만 성형성의 개량을 단단한 방법과 부드러운 방법 양쪽으로 진행되면서 단단한 방법은 강도·강성의 향상에 부드러운 방법은 보디 디자인의 자유도 확대에 각각 공헌했다.

신일철(新日鐵)이 스미토모(住友)금속과 합병해 신일철주금(新日鐵住金)이 된 이후 처음으로 자동차 강판 사업부에 취재를 신청했다. 흥미로운 것은 「양쪽이 경쟁해 온 분야가 의외로 겹치지 않는다」는 것이다. 다만 5년 전에 들은 자동차 보디 강판의 최신동향은 지금에 와서는 완전히 바뀌었다. 보디 컨스트럭션 특집은 이번이 3회째로서 그 동안 약 5년 사이에 자동차 보디에 관한 강판 동향은 크게 바뀌었다. 전에는 「플랫폼은 10년 수명」이라고 여겨왔지만 현재는 5년마다에 업데이트하지 않으면 최신 모델을 따라가지 못하게 되었다.

신일철주금에 자동차 강판에 대한 경향을 묻자, 외판은 「판이 차츰차츰 얇아지고 있다」는 대답이 돌아온다. 기존에는 0.8~0.75mm가 주류였는데 「현재는 0.7~0.65mm가 주류이고 그 중에서도 0.65mm가 증가하는 추세」라는 것이다. 충격변형의 특성이 개선되었기 때문일 것이다. 고장력 소재를 사용한 사례는 아직 적지만 단순하게 270 소재의 0.7mm라면 440 소재로 바꾸고 0.6mm로 하는 것이 가능할지도 모르겠다.

골격재는 「고장력화가 진행되어 특히 A/B필러나 루프 사이드 레일은 980 소재가 증가하는 경향에 있다」고 한다. 철강업계 전체로 보면 980 소재를 사용한 차량과 대상부위가 증가하면서 출하량도 늘어나고 있는 것 같다. 메인 멤버만 보더라도 「980 소재가 주류가 되고 있는 상황」이다. 반대로 고장력이라도 골격재 용도에서 590 클래스는 늘지 않고 있다. 또한 같은 강도라도 「성형성이 좋은 것이 팔리는 경향이 있다」고 한다. 이유는 일본 메이커들이 핫 스탬핑을 꺼려하기 때문으로 추측된다. 「핫 스탬핑은 5년 전에 예상했던 만큼 출하량이 늘지 않았다」고 한다. 이것도 성형성이 좋은 초고장력이 일본에서 개발된 것이 원인일 것이다.

신일철주금에서는 590 소재와 거의 동등한 성형성을 가진 980 소재 개발을 계획 중이다. 기존의 프레스 방법을 그대로 사용할 수 있는 980 소재이다. 이런 강재가 실용화되면 아마도 980 출하는 더 늘어날 것이다. 필자의 느낌으로는 일본 자동차 메이커에서 780 소재를 사용하는 부위가 줄어 든 것으로 느껴지는데 그 이유는 「780 소재는 판을 얇게 하는 가공 여유가 적다는 점과 강성이 필요한 부분에서는 340 소재 정도의 연강이 애용되고 있기 때문」이라고 한다.

과연 미래의 자동차 강판의 동향은 어떻게 바뀌어 나갈까. 필자의 인상으로는 일본차는 이미 판을 얇게 하는 것은 한계 상황에 와 있는 것으로 느껴진다. 신일철주금에서는 「강판을 적재적소에 사용하는 한편 더 다양화될 것」으로 보고 있다. 긴 안목으로 보았을 때는 「접합 방법까지 포함해 새로운 동향이 등장할 것」이라고도 한다. 다시 말하면 한 번은 줄기시작한 강판의 종류가 다시 늘어날 것이라는 예상인 것이다.

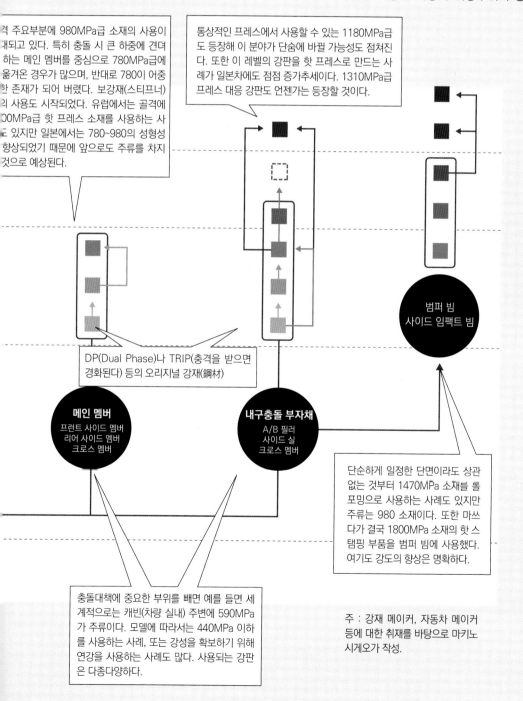

격 주요부분에 980MPa급 소재의 사용이 개되고 있다. 특히 충돌 시 큰 하중에 견뎌하는 메인 멤버를 중심으로 780MPa급에 옮겨온 경우가 많으며, 반대로 780이 어중한 존재가 되어 버렸다. 보강재(스티프너)의 사용도 시작되었다. 유럽에서는 골격에 00MPa급 핫 프레스 소재를 사용하는 사 있지만 일본에서는 780~980의 성형성 향상되었기 때문에 앞으로도 주류를 차지 것으로 예상된다.

통상적인 프레스에서 사용할 수 있는 1180MPa급도 등장해 이 분야가 단숨에 바뀔 가능성도 점쳐진다. 또한 이 레벨의 강판을 핫 프레스로 만드는 사례가 일본차에도 점점 증가추세이다. 1310MPa급 프레스 대응 강판도 언젠가는 등장할 것이다.

DP(Dual Phase)나 TRIP(충격을 받으면 경화된다) 등의 오리지널 강재(鋼材)

범퍼 빔
사이드 임팩트 빔

메인 멤버
프런트 사이드 멤버
리어 사이드 멤버
크로스 멤버

내구충돌 부자채
A/B 필러
사이드 실
크로스 멤버

단순하게 일정한 단면이라도 상관 없는 것부터 1470MPa 소재를 롤 포밍으로 사용하는 사례도 있지만 주류는 980 소재이다. 또한 마쓰다가 결국 1800MPa 소재의 핫 스탬핑 부품을 범퍼 빔에 사용했다. 여기도 강도의 향상은 명확하다.

충돌대책에 중요한 부위를 빼면 예를 들면 세계적으로는 캐빈(차량 실내) 주변에 590MPa가 주류이다. 모델에 따라서는 440MPa 이하를 사용하는 사례, 또는 강성을 확보하기 위해 연강을 사용하는 사례도 많다. 사용되는 강판은 다종다양하다.

주 : 강재 메이커, 자동차 메이커 등에 대한 취재를 바탕으로 마키노 시게오가 작성.

고시마 고지
신일철주금 자동차강판영업부
자동차강판 상품기술실장 겸 박
판기술부 상석주간

후쿠이 기요유키
신일철주금 자동차강판영업
부 자동차강판 상품기술실
상석주간

간다 도시유키
신일철주금 자동차강판영업
부 자동차강판 상품기술실
상석주간

Volvo V40

포드 C1 플랫폼을 볼보 식으로 승화

V40은 신 플랫폼 개발을 발표한 볼보 최후의 포드 계통 플랫폼이다.
그래도 그 내용을 보면 이미 신설계라고 해도 어울릴만한 모습이다.

본문 : MFi 수치 : 볼보

안전성을 제일로 추구하는 볼보다운 플랫폼

프런트 사이드 멤버 앞쪽 끝에 하이드로 폼으로 성형된 크래시 박스가 스폿 용접으로 붙어 있다. 가벼운 충돌에서는 크래시 박스만 변형되면서 충돌 에너지를 흡수하기 때문에 이후의 보디 구조에는 영향을 주지 않는다.

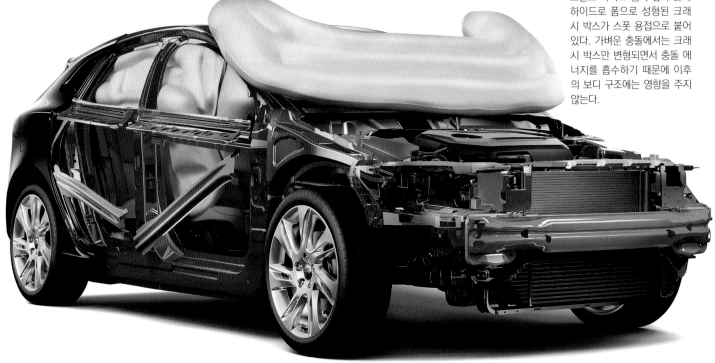

A필러나 도어 주변 구조도 견고

전방과 후방 도어의 측면 임팩트 빔에는 극초고장력 강판(EHSS)을 사용. 아우터 도어 패널은 베이킹과 변형처리로 성형 및 경화된 고장력 강판(HSS). 도어 패널은 경도가 약 30% 향상되면서 초고장력 강판(VHSS) 상당의 경도를 이루었다. A필러는 바깥쪽뿐만 아니라 안쪽 전체도 보론(boron) 스틸을 사용한다.

볼보 V40 T4

전장×전폭×전고 : 4370×1785×1440mm	
휠베이스 : 2645mm	
무게 : 1430kg	

볼보 세이프티 케이지

V40의 보디 구조는 C30/S40/V50의 플랫폼을 대폭적으로 개량한 것으로 포드 C1 플랫폼에 가져온 것이다. 그렇긴 하지만 개량된 사이드 멤버 울트라 초고장력 강판을 사용한 사이드 보디 구조, 레이저 용접과 차체용 접착제를 많이 사용하는 등 신설계라고 해도 무방하다. V50에서 무게를 증가시키지 않고 강성을 높였으며, NVH도 줄였다. 각 재료의 항복응력은 회색의 연강/포밍 그레이드(MS)가 180MPa 미만, 청색의 고장력 강(HSS)이 180~280MPa, 황색의 초고장력 강(VHSS)이 280~380MPa, 오렌지색의 초초고장력 강(EHSS)이 380~800MPa, 적색의 울트라 초고장력 강(UHSS/별칭 브론 스틸)이 800MPa 이상이다.

■ 알루미늄   ■ 고장력 강판   ■ 초고장력 강판   ■ 플라스틱
■ 연강 / 포밍 쿨드   ■ 초초고장력 강판   ■ 울트라 초고장력 강판

안전성에 중점을 두면서도 신설계 영역까지 넘나든 세련된 보디 구조

현재 중국의 지리 홀딩스 그룹 산하에 있는 볼보는 2013년 2월에 마찬가지로 산하에 있던 지리 오토모빌과 공동으로 C세그먼트 크기의 신형 플랫폼을 공동개발한다고 발표했다. 하지만 V40은 그 이전인 포드 산하 시절부터 이미 개발되고 있었기 때문에 포드 포커스 등에 이용되는 소형차량용 포드 C1 플랫폼을 기초로 하고 있다. 마쓰다에서 사용하는 마쓰다 BX 플랫폼과도 동일한 것이다.

그렇다고 V40에 사용되고 있는 플랫폼도 「동일한 것」이라고는 잘라 말할 수 없을 만큼 대폭적으로 바뀌었다. 사이드 멤버는 완전히 다르고 A필러와 B필러, 사이드 실 등과 같은 사이드 보디 구조에는 울트라 초고장력 강(UHSS)이 사용되지만 가장 눈길을 끄는 것은 아우터 보디 패널에 리어 휠 아치를 직접 연결하는 새로운 방법을 적용한 것이다. 휠 아치 게이지의 두께를 양쪽에서 15mm씩 줄였지만 강성을 떨어뜨리지 않고 경량화하면서 세련된 보디 조형이 가능하였다.

또한 충돌할 때 A필러와 B필러의 접합부위에 걸리는 부하를 분산시키기 위해 S60/V60과 마찬가지로 레이저 용접을 사용하고 있다. 이로 인해 스폿 용접을 했을 때보다 높은 안전성능이 실현되었다.

스폿 용접된 보디 구조 일부에는 스폿 사이를 메꾸듯이 차체용 접착제가 사용되고 이것을 이용한 부위의 총연장은 6.5m나 된다. 접착제와 같이 사용하는 것은 스폿 용접만 사용했을 때와 비교해 강도가 높아지는 동시에 연식 노화에 따른 보디의 틈새 악화를 억제할 수 있다.

| STEEL | ALUMINIUM | CFRP |

Mercedes-Benz S-Class (W222)

알루미늄 하이브리드 보디 셸

각종 하이테크 장비에만 눈길이 가기 쉽지만 이번의 S클래스는 알루미늄과 스틸을 혼용한 하이브리드 보디로 등장했다.
그 목적은 어디에 있는지 살펴보겠다.

본문 : MFi 사진 : 다임러

Euro Car Body Award 2013을 수상한 화이트 보디

R231 SL에서 올 알루미늄 보디를 적용하기는 했지만 클로즈드 보디인 모노코크를 알루미늄으로 만드는 것은 그야말로 기술적으로나 생산설비 측면에서도 장벽이 높았을 것이다. 스틸과 같이 사용해 하이브리드 보디가 된 W222 S클래스. 이와 동일한 방법으로 포르쉐는 이미 모델 991에서 실현한 적이 있는데 알루미늄과 스틸을 혼용함으로서 문제가 되는 것은 전해부식이다. 이에 대해 포르쉐의 경우는 양자 간에 절연체를 끼운 외에 리벳 접합을 해 전위차에 의한 부식을 막는다. W222가 어떤 방법을 사용하는지는 현 단계에서 공개되지 않고 있다. 덧붙이자면 독일 자동차 제조업계 컨퍼런스인 「Euro Car Body」에서 2013년 최우수 보디로 선정되기도 했다.

생산은 삼별(Three Pointed Star)의 성지에서
기간(基幹) 양산차종이기 때문에 생산은 벤츠의 성지인 진델핑겐에서 이루어진다. 도어의 아우터 패널은 알루미늄이지만 안쪽 필러는 스틸이다. 보닛이나 프런트 멤버 등 눈에 보이는 부위 대부분은 알루미늄이다.

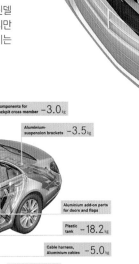

Aluminium roof −5.5 kg
Plastic hybrid components for rear wall and cockpit cross member −3.0 kg
Windows −5.0 kg
Aluminium-suspension brackets −3.5 kg
All-aluminium chassis −4.0 kg
Engine, exhaust system −8.8 kg
Aluminium front end, integral support −14.0 kg
Aluminium add-on parts for doors and flaps
Plastic tank −18.2 kg
Cable harness, Aluminium cables −5.0 kg
Composite brake discs −4.0 kg

New in the S-Class | Enhancement over the predecessor

양산화가 지상명령
선대 W221보다 95kg이 가벼워졌다고는 하지만 이것은 알루미늄만 사용했기 때문이 아니고 플라스틱이나 복합소재까지 포함한 수치이다. 강도가 필요하지 않은 부분의 재료 변경이라고 하는 정석대로의 경량화 방법이 메인이다.

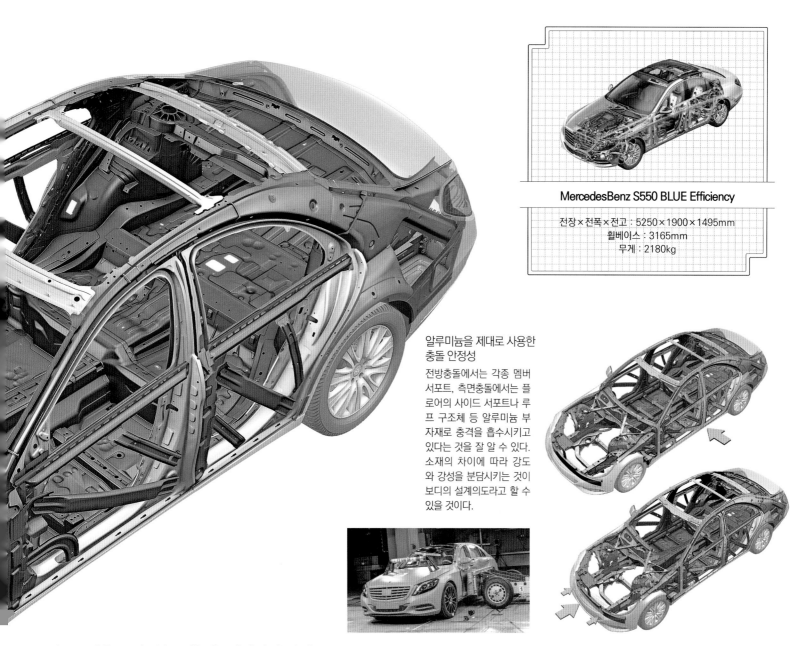

MercedesBenz S550 BLUE Efficiency

전장×전폭×전고 : 5250×1900×1495mm
휠베이스 : 3165mm
무게 : 2180kg

알루미늄을 제대로 사용한 충돌 안정성
전방충돌에서는 각종 멤버 서포트, 측면충돌에서는 플로어의 사이드 서포트나 루프 구조체 등 알루미늄 부자재로 충격을 흡수시키고 있다는 것을 잘 알 수 있다. 소재의 차이에 따라 강도와 강성을 분담시키는 것이 보디의 설계의도라고 할 수 있을 것이다.

기초골격은 스틸. 알루미늄은 경량화에 기여

메르세데스 벤츠는 2009년의 SLS AMG에서 알루미늄 보디를 시도했지만 이것은 스페이스 프레임에다가 매그너 슈타이어에게 제작을 이관했던 것이다. 올 알루미늄 모노코크 보디는 2012년에 발표한 R231 SL에서 실현되었다. 알루미늄 보디의 정점에 위치한다고 하는 아우디 A8을 따라잡기 위해 2013년에 데뷔한 기함 신형 S클래스에도 이 테크놀로지를 적용한 것으로 예상되었지만 실제로는 스틸과 알루미늄을 혼용한 「알루미늄 하이브리드 보디 셸」로 등장했다.

모노코크 보디의 기본인 플로어, 필러, 센터 & 사이드 실은 고장력 스틸을 사용. 보디 외피, 도어의 구조부품, 서브 프레임, 서스펜션·브래킷 등에 알루미늄을 사용해 전체적으로는 스틸과 알루미늄 사용 비율이 각각 50 대 50을 이루었다. R231 SL에서도 A필러는 (롤바도) 스틸을 사용하고 있어서 충돌할 때 강도가 필요한 부분이나 단면적을 확보할 수 없는 부분은 같은 중량인 경우 영률(Young's modulus)이 알루미늄의 3배인 스틸을 사용함으로서 만약의 사태에 대비하여 강도를 확보한 것으로 추측된다. 공식 발표에 따르면 전작인 W221에 비해 비틀림 강성은 27.5kN°에서 40.5kN°으로 향상되었다고 하지만 기본구조는 스틸이 맡고 있기 때문에 알루미늄 사용이 강성의 향상에 어느 정도나 기여하고 있는가는 분명하지 않다. 알루미늄을 사용하는 이점으로는 강성보다 경량화 쪽이 공헌도가 높을 것이다. W222는 「AIR매틱·서스펜션」이나 「매직 보디 컨트롤」등과 같은 첨단 장비를 많이 장착하고 있음에도 무게에 있어서 선대 모델보다 80kg 증가(S550L에서의 비교)에 그친 것은 알루미늄 덕분이라고 할 수 있을 것이다.

Lexus IS

LSW와 구조용 접착제로 강성을 향상

세계적인 고급차를 라이벌로 삼고 있는 렉서스 IS. 신형이 데뷔할 때
그들이 심혈을 기울였던 것은 보디의 대폭적인 강화였다.

본문 : MFi   수치 : 렉서스

※ LSW: Laser Serew Welding

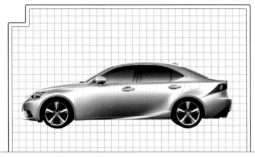

렉서스 IS350 F 스포츠

전장×전폭×전고 : 4665×1810×1430mm
휠베이스 : 2800mm
무게 : 1640kg

접합 포인트를 늘려 보디의 변형을 억제하다

독일 명문 메이커와 비견될 보디를 얻기 위
해 렉서스가 채택한 수단은 기존의 스폿 용
접에 따른 접합과 더불어 레이저 스크루 웰
딩(LSW)과 구조 접착제였다. 접합 포인트
를 늘려 보디에 과대한 입력이 발생하는 상황
에서도 변형을 최소한으로 줄임으로서 강성
을 높이고 있다. 또한 플로어 하부에도 보강
을 증가. 라디에이터 서포트~좌우 댐퍼 마운
트 부근을 연결하는 멤버, 나아가 거기서부
터 메인멤버 뒤쪽 끝을 연결하는 A형 브레이
스(brace)를 추가해 프런트 섹션을 강화했다.
센터 터널에는 중간부분에 I형 브레이스를 뒤
쪽 끝에는 사다리 모양 브레이스를 장착. 심
지어는 연료 탱크를 끌어안듯이 I형 브레이스
를 좌우에 장착하는 식으로 리어 섹션을 강화
하고 있다.

초고장력 강판의 배치

■ 핫 스탬프
■ 980MPa
■ 590MPa
■ 440MPa
■ 알루미늄

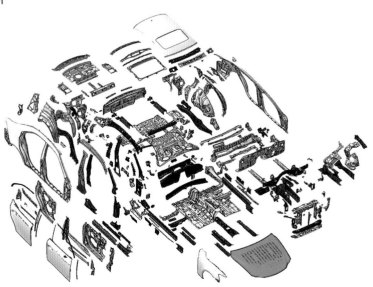

LEXUS LS

마이너 체인지를 계기로 새로운 접합방법을 적극적으로 적용해 보디 강화를 꾀하다.

또 하나의 새로운 접합방법·접착
보디 후방 끝의 로어 백 부분 및 루프 전방 끝의 헤더 부분에는 접착을 사용(청색 점선 부분). 면으로 접합함으로서 변형을 억제시키겠다는 것이 목적이다. 센터 터널에는 용량을 늘린 브레이스들을 장착해 변형을 크게 낮추고 있다.

LSW를 처음으로 채택해 강성을 높이다
레이저 스크루 웰딩이라고 하는 귀에 익숙하지 않은 접합방법을 처음으로 적용한 것이 마이너 체인지(MC) 모델에서의 렉서스 LS. 도어 개구부 가운데 루프에 가까운 상단부분에 시공(적색 점선 부분). 레이저 선 용접보다 용접면적이 크다는 것이 장점.

> 스폿 타점 추가
> ─ 레이저 스크루 웰딩
> 구조용 접착제

3가지 접합방법으로 보디의 강성을 향상
접착은 개구부 아래쪽 LSW는 위쪽으로 나누고 각각의 접합부위는 중복되지 않게 했다. IS 보디에서 접착 총연장은 약 25m. 스폿 타점이 선대 모델보다 약 200군데가 늘어나 총점수가 800에 이른다.

레이저 용접을 위한 조건
레이저 용접부위에는 정밀도가 높은 강판이 요구된다. 스폿 용접이라면 양쪽에서 끼워서 강제적으로 접합할 수 있지만 레이저 용접은 정확하게 2장의 판이 맞지 않으면 접합할 수 없기 때문이다. 반면에 한 쪽 면에서만 열을 가하기 때문에 비교적 시공성은 뛰어나다.

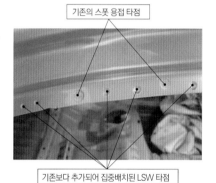

기존의 스폿 용접 타점

기존보다 추가되어 집중배치된 LSW 타점

스폿에서는 얻을 수 없는 장점
스폿 용접은 저항 용접이기 때문에 거리가 너무 가까우면 전류가 분산되면서 접합 불량을 일으키기 쉽다. LSW 같은 경우 그런 걱정은 필요 없지만 접합조건이 상당히 까다로워서 강판에 눈에 보이지 않는 구멍이 뚫리는 경우도 있다. 이 때문에 LSW 부위는 도어 개구부에서도 상부에 시공된다.

독일 라이벌들을 따라잡을 보디를 손에 넣어라!

렉서스 IS는 렉서스 GS에 이어 차세대 FR계열 플랫폼을 적용한 D세그먼트 4도어 세단이다. GS/IS 모두 글로벌 모델로서 특히 메르세데스 벤츠, BMW, 아우디 등의 유럽 D/E세그먼트 차량을 직접 라이벌로 삼는 만큼 보디 제조에 심혈을 기울였다. GS 보디를 개발할 때 기존과 크게 달랐던 점은 리어 강성에 주목한 것이었다.

그 때문에 리어 휠 아치, 플로어 팬의 리어 터널 부분, 도어 개구부의 사각 구석 등에 레이저 용접 및 스폿 용접을 늘려서 보디의 강성을 향상시킨 것이다.

제2탄으로 등장한 IS는 GS보다 한층 강화된 보디로 진행되었다. 개발진은 BMW 3시리즈 쿠페를 벤치마킹해 신형 IS 보디가 이를 따라잡을 수 있도록 철저히 단련시켰다. GS 보디 시공법을 기본으로 삼고 더 나아가 근래에 빠르게 확산 중인 접착공법을 추가한 것이다. 역시나 GS와 마찬가지로 리어 휠 아치, 사이드실, 도어 개구부 아래쪽 등에 열경화성 에폭시 접착제를 도포한 다음 도장 열처리 공정에서 경화시키는 공법을 채택했다. 더불어서 렉서스 IS에서 처음으로 등장한 레이저 스크루 웰딩을 이용해 도어 개구부 위쪽 및 B필러에 시

공. 이것은 레이저를 이용해 원형 흔적을 그리면서 면을 용접하는 접합방법이다. 기존의 스폿 타점에 추가하는 식이다.

이를 통해 IS는 독일 라이벌들에 이길지언정 뒤지지 않을 정도의 보디를 얻기에 이르렀다. 견고해진 보디는 서스펜션을 확실하게 동작시켜 운전자에게 정확한 핸들링을 가져다 준다. 하드 코너링이나 급제동 시 조금도 삐걱거리지 않는 보디는 결과적으로 운전자에게 안전한 느낌과 고급스러운 감각을 부여하는데 성공하고 있는 것이다.

column

보디 소재의 최신동향

자동차 보디 강판의 동향

보디 소재의 진화는 눈에 띄지 않는 곳에서 조용히 하지만 전보다 빠른 속도로 진행되고 있다.
여기서는 최근 2년 동안의 동향으로부터 주목할 만한 것을 소개하겠다.

본문 : 마키노 시게오 수치 : 혼다 / Mubea / 일본 스틸 & 스미토모 메탈 / 마키노 시게오 / 고토미 만자와

무베아(Mubea) ▶ 테일러 롤드 블랭크(Tailor Rolled Blank)

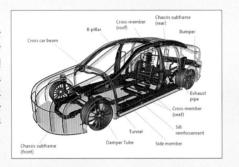

무베아는 이 강재로 다양한 제안들을 하고 있다. 직사각 방향으로 다른 두께를 가진 강판을 빙 둘러서 파이프 소재 또는 각 소재로 성형함으로서 자동차 서스펜션이나 브레이스 등과 같이 강도 부자재를 제조하는 방법이다.

서로 마주한 롤러는 각각 위치를 바꾸기 때문에 두께 방향에서 대칭형이 된다. 압연된 강판의 두께 관리는 레이저 빛을 통해 이루어지며, 100분의 5mm까지 제어가 가능하다고 한다.

강판의 압연속도는 천천히 이루어진다. 분당 40m 정도가 상한인 것 같다. 무베아에 따르면 이 압연기 1대에서 월간 5000~6000톤 생산이 가능하다고 하지만 실제 생산량은 적다.

현시점에서는 독일 무베아가 독점적으로 제조하고 있다. 강판을 압연하면서 임의의 두께로 성형하는 방법이다. 통상적 압연기를 닮은 기계를 사용하지만 사양 등과 같은 상세한 것을 알려져 있지 않다. 서로 마주한 롤러 사이에 강재를 밀어 넣은 다음에는 롤러 사이의 갭을 정확하게 제어한다. 롤러를 위아래로 움직여 간격 높이를 바꾸는 방법인데 그 정밀한 상하운동 제어가 노하우이다. 무베아가 이 비즈니스를 시작한 것은 03년 3월로 가장 먼저 적용한 것은 다임러 크라이슬러(당시)였다. 메르세데스 벤츠 브랜드 세단의 리어 셀로 사용한 것이다. 두께를 2~3단계로 관리하는 정도라면 통상적인 테일러드 블랭크와 차이가 없지만 포드는 포커스의 B필러에 8단계 두께를 가진 부자재로 사용하고 있다. 이 정도로 세밀한 두께 관리는 다른 방법에서는 불가능할 것이다.

후쿠이제작소 ▶ 엠브렐라(embrella)

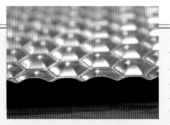

엠브렐라의 테스트 조각. 전체 면에 구석구석 같은 패턴을 성형할 수 있는 박판이기 때문에 용도가 광범위하다. 성형으로 인해 통상적인 박판보다 면 강성이 뛰어나고 형상의 안정도도 높다.

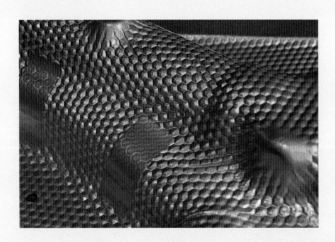

후쿠이제작소가 고안해 제조하고 있는 embrella(엠브렐라)는 같은 패턴을 반복적으로 성형시킨 박판이다. 알루미늄이나 강재 모두 성형할 수 있다. 이것을 이용한 알루미늄 차열판을 미쓰비시자동차가 SUV「아웃랜더」에 사용했다. PHEV(Plugin Hybrid Vehicle) 사양 및 일반적인 가솔린 차량의 바닥아래 차열판을 이 엠브렐라로 성형했다. 또한 후지중공업도 마찬가지로 XV 하이브리드 사양에 사용하고 있다. 왼쪽 사진은 시작단계의 엠브렐라로서 변속기 케이스를 덮는 방음 차열판으로 성형된 것이다. 직접적인 보디 소재는 아니지만 형상을 유지하는데 필요한 중량이 통상적인 박판보다 훨씬 적게 들어간다는 장점이 있다.

HONDA | 테일러드 블랭크 준(準)외판

자동차 보디 외판에 인장강도 440MPa 이상의 고장력 강판을 사용한 사례가 일본에는 없었다. 고장력 강판을 사용하는 목적은 강판 게이지(두께)를 낮추는 것으로서 자동차는 더 얇은 소재로 바꾸는 것을 목적으로 한다. 혼다는 경자동차 「N BOX」보디 측면에 590MPa 고장력 강판을 테일러드 블랭크를 통해 사용했다. 이것이 이너나 리인포스먼트 같으면 눈길을 끌 일도 아니지만 이 차는 리어 휠 아치 앞쪽에 이 590 소재가 노출되어 있다. 즉 외판으로 노출하는 부분에 사용했다는 것이다. L자형 소재를 맞대기로 단면접합해 수율(收率) 향상에도 공헌한다. 외판에 사용한다면 판 두께가 0.65mm 정도일 것으로 생각된다. 현재 외판의 의장(意匠)면에 사용하는 고장력 강판의 상한은 440MPa로서, 「N BOX」는 이례적이라 할 수 있다.

아래 일러스트는 590 소재의 테일러드 블랭크 모습과 사이드 실 부분의 단면 형상. 사이드 실 쪽이 590이다. 또한 N BOX는 B필러에 1500MPa 핫 스탬핑 소재를 사용하는데 이것도 혼다 차량 가운데는 처음으로 적용한 것이다.

유니프레스 / 신일철주금 | 직수냉 방식 핫 프레스

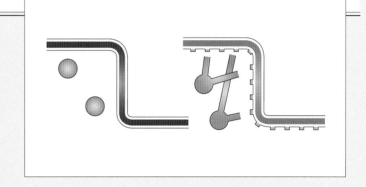

신일철주금과 유니프레스는 핫 스탬핑(HS) 소재의 제조시간을 대폭 단축시키는 기술을 개발했다. HS공법은 고온으로 가열한 강재(鋼材)를 금형에 밀폐시켜 성형하는 방법으로, 금형에 냉각수 통로를 만들고 이 안에 냉각수를 흐르게 해 강판의 열을 빼앗는 방식으로 냉각시킨다. 이 「열처리」효과로 강도를 높인다. 투입하는 부자재가 700MPa급이라도 HS 후에는 2배 정도의 강도가 된다. 그런데 냉각에 시간이 걸리기 때문에 생산성이 나쁘다. 그래서 금형 표면에 물을 분사해 강재와 금형 사이에 물 층을 만들어 줌으로서 직접 냉각시키는 방법을 양사에서 개발했다. 생산성이 약 3배로 올랐다고 한다. 직접 물을 분사하기 때문에 균일한 냉각이 포인트이다.

신일철주금 | 고내식성 강판·슈퍼 다이머

혼다의 프리미엄 브랜드인 어큐라에서 발매된 「RLX」는 보디 외판의 「덮개」에 알루미늄 합금을 사용해 중량의 증가를 낮추고 있다. 도어 프레임이나 섀시까지 포함해 알루미늄화하는 것이 아니라 이너에는 강재를 사용한다는 것이 특징이다. 그 이너에는 신일철주금이 개발한 고내식성 강판인 「슈퍼 다이머(super dyma)」로 성형되어 있다. 알루미늄과 철을 겹쳐서 사용하면 전위차에 의한 부식이 발생하지만 슈퍼 다이머는 강판 표면에 특수 합금을 도금해 전위차 부식이 잘 일어나지 않게 한다. 이 도금은 아연을 주성분으로 하고 알루미늄 11%, 마그네슘 3%, 소량의 규소로 구성되어 있다. 가전이나 주택에도 사용한 사례가 있다.

철과 알루미늄 합금의 접합

혼다는 FSW(마찰 교반 접합)을 통해 철과 알루미늄을 직접적으로 접합하는 방법을 고안했다. FSW 자체는 이미 확립된 기술로서 액화시키지 않고 분자끼리 결합시킨다는 점이 특징이다. 하지만 철의 융점이 1500℃이고, 알루미늄은 약 660℃이다. 알루미늄이 유동화(流動化)하는 온도에서는 철이 유동화하지 않는다. 혼다는 FSW 툴이 알루미늄을 관통해 철에 접촉했을 때 철 표면을 신생면(新生面)으로 하는 방법을 개발함으로서 이 접합에 성공했다.

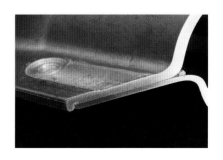

Honda Accord Hybrid

테마는 경량·고강성. 고장력 비율을 높여 달성

30km/ℓ 나 되는 경이적인 연비성능을 자랑하는 신형 어코드.
물론 이것을 실현하는 데는 보디도 크게 공헌하고 있다.

본문 : MFi 사진 : 혼다

고장력 강판 사용비율을 55.8%로 확대

어코드의 전장×전폭×전고:4915×1850×1465mm 수치는 D세그먼트 가운데서도 당당한 체격의 소유자임을 자랑한다. 일본에서는 iMMD라고 하는 하이브리드만 판매되지만 개발진이 목표로 한 연비성능은 파워트레인만으로는 도달할 수 없다. 연비향상을 위한 보디 경량화와 조종성·안정성, 승차감 성능 향상을 위한 고강성화는 개발하는데 있어서 중요한 포인트였다. 종래에는 980MPa급까지였던 고장력 강판을 열간성형의 1500MPa급까지 사용하고, 고장력 강판 비율을 55.8%까지 높이고 있다. 보디 구조는 지금까지의 혼다 스타일을 따르고 있다. 접합기술에 있어서도 스폿 용접을 이용하고 레이저 용접이나 구조용 접착제는 사용하지 않는다. 이런 점에서도 정통적인 제조방법이라고 할 수 있다.

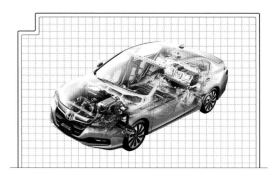

혼다 어코드 하이브리드

전장×전폭×전고 : 4915×1850×1465mm
휠베이스 : 2775mm
무게 : 1620kg

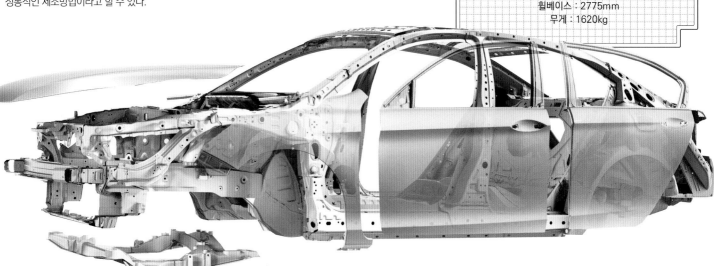

플랫폼부터 새로 설계해 제작한 경량·고강성 보디

9세대가 되는 신형 어코드는 북미시장의 베스트셀러이다. 이번의 일본사양은 혁신적인 파워트레인, iMMD 하이브리드 시스템을 장착하고 있다. 북미를 메인 시장으로 하는 만큼 보디 크기는 D세그먼트 세단 가운데서도 큰 편에 속하는 4915×1850×1465mm. 하지만 동급 최고의 연비성능을 실현하기 위해서는 보디가 커졌다고 해서 중량까지 늘어나게 놔둘 수는 없다. 중량이 늘어나는 하이브리드 시스템과 배터리까지 탑재해야 하고 심해지는 충돌 안전성에도 대응하지 않으면 안 된다. 장벽이 높았다. 그래서 혼다는 어코드용으로

플랫폼부터 새롭게 설계한다. 목적은 경량화와 고강성화를 양립시키는 것이다.

고장력 강판의 사용 비율을 최근 트렌드에 맞춰 55.8%까지 높이고 사용하고 있는 강판도 기존의 980MPa급까지가 아니라 1500MPa급 핫 프레스 소재도 사용했다. 핫 프레스 소재는 혼다에서는 경자동차인 N시리즈가 선행해 사용했었지만 어코드를 생산하는 사야마 공장에서는 처음이기 때문에 스폿 용접기 전압을 높이는 등의 설비변경이 필요했다. 혼다는 신형 피트의 B필러에도 1500MPa급 핫 프레스 소재를 사용하고 있다. 앞으로 혼다 보

디의 표준으로 자리잡아 나갈 것이다.

보디 조립에 있어서 레이저 용접이나 구조접착제 등은 사용하지 않고 스폿 용접만 사용한다. 그런 의미에서는 정통적이라고 할 수 있다. 충돌안전에 대한 보디 골격 개념도 기본적으로는 지금까지의 모델과 똑같다. 하지만 경량화와 고강성 보디에 대한 성과도 있어서 IIHS(미국도로안전보험협회)가 실시하는 충돌안전시험에서는 카테고리 최고의 성적을 달성하고 있다.

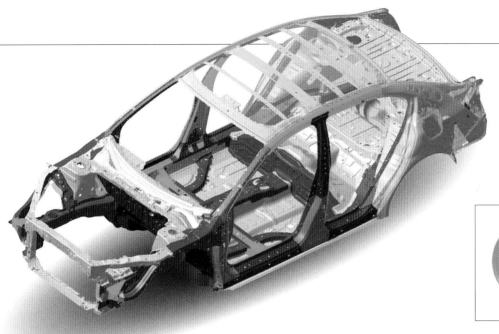

B필러에 핫 프레스 소재를 사용

주목할 만한 곳은 B필러와 사이드 실에 사용하고 있는 1500MPa급 핫 프레스 소재. 일러스트에서는 B필러 하부가 590MPa로 되어 있지만 이것은 B필러의 아우터 부분에 얇은 두께를 확보하기 위해 별도의 부자재를 사용하고 있기 때문이다. 보닛은 알루미늄 소재이다.

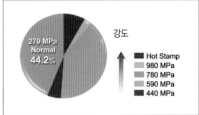

강도

- ▮ Hot Stamp
- ▮ 980 MPa
- ▮ 780 MPa
- ▮ 590 MPa
- ▮ 440 MPa

270 MPa Normal 44.2%

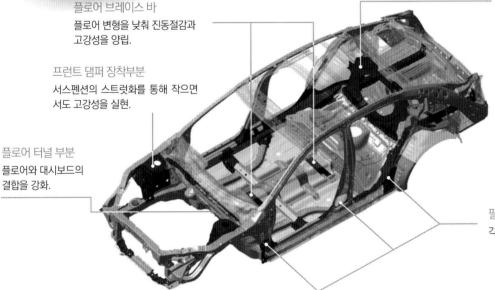

플로어 브레이스 바
플로어 변형을 낮춰 진동절감과 고강성을 양립.

프런트 댐퍼 장착부분
서스펜션의 스트럿를 통해 작으면서도 고강성을 실현.

플로어 터널 부분
플로어와 대시보드의 결합을 강화.

리어 벌크헤드
중량을 억제하면서 높은 강성을 얻을 수 있는 판 형태의 부자재로 구성

보디 요소를 강화
서스펜션 장착부위나 필러와 사이드 실의 접합부 등을 강화. 강성의 향상을 노렸다. 후방 벌크헤드는 한 장짜리 판으로 된 환상(環狀) 벌크헤드를 사용해 후방 서스펜션의 강성을 높였다. 브레이스 바는 플로어의 저(低)진동화에 효과를 발휘한다.

필러 하부
각 필러와 사이드 실의 결합을 강화.

스틸과 알루미늄을 접합하는 FSW

혼다는 스틸과 알루미늄이라는 이종합금을 FSW로 연속접합하는 신기술을 개발했다. 혼다가 개발한 FSW(Fricrion Stir Welding=마찰 교반 접합)은 겹쳐진 스틸과 알루미늄을 위에서 가압하면서 회전 기구를 이동시킴으로서 스틸과 알루미늄 사이에 안정적인 금속결합을 새롭게 생성시켜서 접합하는 방법이다. 강도도 기존의 MIG 용접과 동등이상이다. 기존의 FSW에서는 대형 장치가 필요했지만 혼다가 개발한 것은 범용성이 높은 산업용 로봇을 사용할 수 있다는 점이 포인트. 그러면서 양산차량 적용도 가능해졌다. 북미사양 어코드의 프런트 서브 프레임에 사용하고 있다.

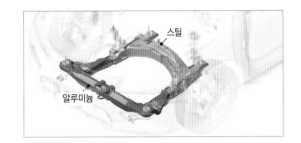

스틸

알루미늄

FSW 이종금속 접합 개념도

스틸과 알루미늄의 FSW가 가능해지면서 기존 스틸 제품과 비교해 25%를 가볍게 할 수 있다. 또한 접합제조 시 전력소비량도 약 50%를 줄였다. FSW는 기구가 교반하면서 소재의 분자구조를 섞는 방식으로 접합시킨다.

회전
기구 압력
알루미늄
스틸 금속결합

25% 경량화가 연비와 운동성에 효과를 발휘

왼쪽이 북미사양인 선대 모델, 오른쪽이 북미사양·신형 어코드의 프런트 서브 프레임. 접합기술과 동시에 고감도 적외선 카메라와 레이저 빛을 사용한 비파괴 검사 시스템도 개발해 라인 상에서 접합부분을 전수조사하는 것도 가능하다.

STEEL | ALUMINIUM | CFRP

PSA (Peugeot/Citroen) EMP2

PSA판 MQB. 먼저 C4 피카소와 308부터 적용

어떤 일에도 합리적인 프랑스 사람들 엔진에서 과감한 다운사이징·실린더 감축을 달성한
뒤에는 이번에는 보디/섀시에서도 단숨에 통합화하는 모듈러 전략을 꺼내들었다.

본문 : MFi 사진 : PSA / 푸조 / 시트로엥

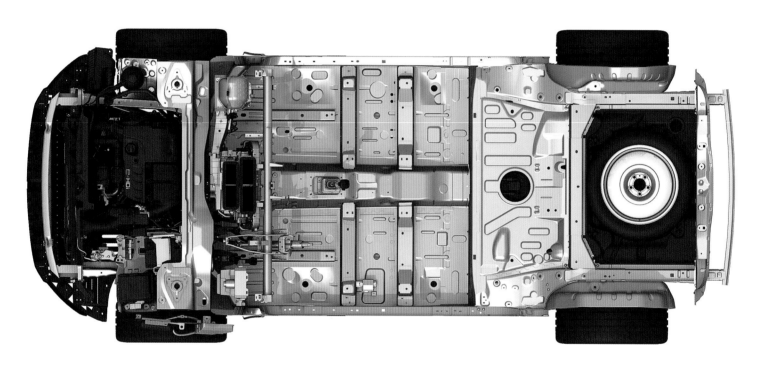

신세대 모듈 플랫폼

기존의 PF2/PF3를 계승하는 신세대 플랫폼 EMP2. 현재 모델로 따지면
푸조 308부터 시트로엥 C6까지이다. 매우 폭넓은 차종에 사용되는 플랫
폼이다. FF를 기존으로 한다는 점, 엔진 기종수를 줄였다는 점 등이 완성
요인일 것이다.

사용 부자재와 접합방법도 개량

플로어 보드와 접합할 때는 레이저 용접을 이용한다.
메인 멤버 및 그 입력을 사이드 실로 유도하기 위한 리
인포스먼트 등에는 핫 스탬핑 소재를 사용. 사이드 실
은 플렉시블 롤링이라고 부르는 제조방법을 통해 다른
두께의 구조를 하고 있다.

대폭적인 경량화에 성공

2열 시트의 푸조판 리어 섹션, 낮은 위치의 운전조작 장치들을 조
립한 모습. 선대 PF2에 해당하는 섀시 모델로서 초고장력 강재/알
루미늄/합성소재 사용 등을 통해 70kg을 경량화하는데 성공했다.

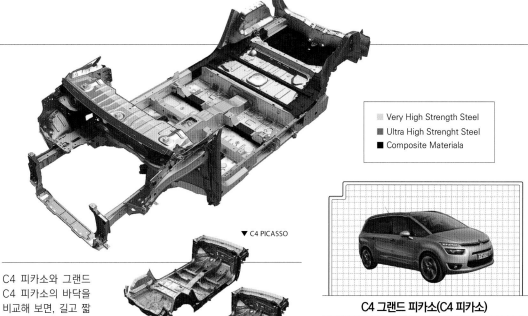

■ CITROEN C4 PICASSO & C4 GRAND PICASSO

EMP2를 가장 먼저 사용한 시트로엥 모델이 MPV인 C4 피카소 시리즈이다. 이 가운데 그랜드 피카소는 3열 시트의 대형 MPV이다. 처음부터 롱 리어 섹션과 하이포지션 운전조작 장치들을 이용해 길이×높이 방향에 있어서 최대 규모의 보디를 제안해 왔던 것이다. 시트로엥은 이 섀시 상태에서 무게 70kg을 줄였다고 언급하고 있고 실제로 차량중량도 1278kg으로, 3열 시트 MPV치고는 꽤나 놀라울 만한 수치가 아닐 수 없다. EMP2는 저상(低床)이라는 것도 특징 가운데 하나로 들고 있어서 MPV에서는 큰 장점으로 받아들여진다.

Very High Strength Steel
Ultra High Strenght Steel
Composite Materiala

▼ C4 PICASSO

C4 피카소와 그랜드 C4 피카소의 바닥을 비교해 보면, 길고 짧은 리어 섹션 차이를 알 수 있다. 오렌지 부분에서 볼 수 있듯이 55mm로 늘어난 것은 그대로 휠베이스 연장으로 충당하고 있다.

+55mm
+109mm

▲ GRAND C4 PICASSO

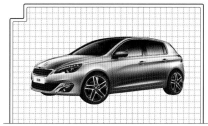

C4 그랜드 피카소(C4 피카소)

전장×전폭×전고 : 4597×1826×1656mm(4428×1826×1610mm)
휠베이스 : 2840mm(2785mm)
무게 : 1278kg(1252kg)

■ PEUGEOT 308

신형 308은 숏 버전 리어 섹션+로우 포지션 운전조작 장치를 조합시킴으로서 EMP2로서는 가장 생산대수가 많은 모델이 될 것이다. 섀시 상태에서 PF2에서는 18%의 사용률이었던 고장력 강/초고장력 강이 EMP2에서는 76%로 급증했다. 우측의 보디 상태 모습을 보아도 멤버류/필러/사이드 실 등 다양한 곳에 사용되었다는 것을 알 수 있다. 여기서도 대폭적인 다이어트에 성공하면서 선대 308과 비교해 140kg이나 가벼워졌고 차량무게는 1.2T를 탑재하는 모델에서 1075kg을 나타내 C세그먼트 차량에서는 가장 가벼운 무게를 자랑한다.

Very High Strength Steel
Ultra High Strength Steel

푸조 308(1.2)

전장×전폭×전고 : 4253×1804×1457mm
휠베이스 : 2620mm
무게 : 1075kg

엔진을 세세히 정제했기 때문에 얻을 수 있었던 모듈 플랫폼

사실 과급 다운사이징에 가장 적극적이었고 거기에 실린더감축도 단숨에 진행해 나갔 던 곳이 푸조/시트로엥이다. A세그먼트부 터 E세그먼트, SUV에 미니밴까지 포괄하 는 풀 라인업 브랜드이면서 가솔린 엔진에 서는 1.6까지 2종류를 큰 토크를 요구한 다면 거기에는 디젤 엔진까지 조달할 수 있 는, 비정하리만큼의 구분을 통해 일거에 파 워 플랜트 정리를 끝냈다. 이런 정도의 그들에게 플랫폼 보디를 세세 히 정제하는 일은 당연하다고 하겠다. 이 번에 등장한 EMP2는 Efficient Modular Platform이

라는 명칭에서 부듯이 많은 차 종에서 휴율적으로 이용할 수 있는 모듈러 설계이다. 폭스바겐/아우디는 MQB를 이용 해 폴로(B세그먼트)부터 파샬(D세그먼트), 여기에 미니밴까지 커버하는 설계방법을 채 택하고 있는데, PSA EMP2도 마찬가지로 현재의 PF2(C/D/F세그먼트) 및 PF3(D/E 세그먼트)를 대체할 것으로 보인다. 당연히 PSA의 라인업 가운데는 계승해야 할 범위 가 광범위하고 이는 생산대수 50%에 이를 것이라고 PSA는 언급하고 있다.

EMP2의 고정요건은 보디의 가장 앞쪽부터

대략 R필러까지의 플루어 패널루서 앞 페이지의 바로 위에서 찍은 사진에서 보면 정확 히 2번째 사이드 멤버 직후 정도까지 가 여 기에 속한다. 즉 엔진 룸부터 앞좌석까지의 치수는 일률적이다. 여기에는 엔진을 EP형 4기통까지만 실을 수 있다는 세세한 구분이 깊이 관련되어 있을 것이다. 거기에 길고 짧은 은리어 섹션, 높고 낮은 드라이빙 포지션, 멀티 링크/TBA 리어 서스펜션, FF/4WD 드라이브 트레인을 조합하는 방법으로 많은 차종을 만들어 낸다.

LandRover Range Rover Sport

올 알루미늄 보디의 레인지로버

SUV의 롤스로이스라고도 불리는 레인지로버. 경량화와 고부가가치를 끌어내고, 전체를 알루미늄 보디로
만들어 신형을 데뷔시켰다. 재규어와도 밀접하게 관련되어 있다는 그 구조에 대해 살펴보겠다.

본문 : MFi 사진 : 랜드로버

외판에 그치지 않고 마침내 전체를 알루미늄으로 교체

랜드로버는 선대 레인지로버 무렵부터 도어나 후드 등의 외판에 알루미늄을 사용했다. 재규어의 올 알루미늄 보디에 이어 레인지로버에도 알루미늄을 적용. 이는 고부가가치에도 기여하고 있다.

레인지로버 스포츠(3.0ℓ V6SC)

전장×전폭×전고 : 4850×1983×1780mm	
휠베이스 : 2923mm	
무게 : 2144kg	

선대 모델에서 최대 420kg를 줄이는데 성공

랜드로버 브랜드의 고급 모델인 레인지로버는 2013년 기준으로 레인지로버, 레인지로버 스포츠 그리고 레인지로버 이보크 3종류를 라인업하고 있다. 앞에서 2종류는 엔진을 세로로 배치한 FR 베이스 4WD로서 똑같은 올 알루미늄 D7 플랫폼이다. 이보크는 엔진을 가로로 배치한 FF 베이스로서 포드의 EUCD를 베이스로 하는 LRMS 플랫폼을 이용하고 있다. 올 알루미늄에 따른 장점도 적지 않은데다가, 역시나 알루미늄 제품인 앞뒤 서브 프레임, 크로스 멤버와 프런트 엔드 캐리어에 마그네슘 그리고 FRP 소재의 리어 게이트 등과 같은 경량화 부품과 어우러져 선대 RR스포츠 대비 420kg이나 가벼워졌다.

알루미늄을 이용한 경량화와 강도의 양립

알려진 바와 같이 알루미늄은 철에 비해 1/3의 밀도를 갖고 있어서 경량화가 가능하다. 순수 알루미늄 같은 경우는 너무 유연해서 보디 부자재로 적합하지 않지만 자동차에 머물지 않고 보디 강체에는 6061번 등으로 대표되는 알루미늄 합금을 사용해 강도를 확보한다.

강점 가운데 하나인 뛰어난 내부식성

알루미늄의 또 한 가지 강점이 부식에 강하다는 점이다. 공기에 노출되면 바로 산화해 버리지만 표면만 그렇다. 알루미늄을 스폿 용접하기는 어렵기 때문에 보디 조립은 하향 구멍가공 없이 결합이 가능한 셀프 피어싱 리벳(SelfPiercing Rivet, SPR)을 이용한다.

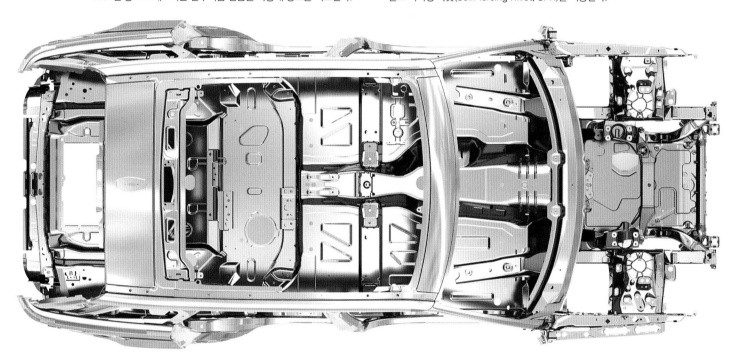

레인지로버 스포츠의 화이트보디. 선대 모델의 스틸소재 세미 모노코크 섀시 구조와 비교해 39%의 경량화, 동시에 25%의 강도향상을 달성했다. 재규어 F타입에도 사용되는 AC300이라 불리는 6000번대 고강도 알루미늄 부자재를 크러셔블 존에 적용, 접착과 리벳을 사용해 접합시키는 방식으로 보디를 형성하고 있다.

용접이 아니라 결합과 접착 위주로 조립된 보디

2007년에 포드는 산하에 있던 재규어와 랜드로버를 시장에 내놓고 이때 인도의 타타모터스가 인수하면서 두 회사를 하나로 합쳐 재규어 랜드로버 회사를 만든다. 이 회사는 재규어와 랜드로버라는 브랜드로 같이 프리미엄 모델을 라인업하고 있다. 그들이 명확한 부가가치로써 선택한 수단은 올 알루미늄 모노코크 보디였다. 재규어 브랜드에서는 대형 쿠페인 XK, 풀 사이즈 세단인 XJ, 소형 쿠페인 F 등에 적용된다. 한편 랜드로버 브랜드에서는 2013년에 풀 모델이 변경된 레인지로버에 올 알루미늄 모노코크

보디를 적용. 이것은 SUV 카테고리에 있어서 최초의 시노었나. 이 글의 베바인 레인시로버 스포츠는 앞서 출시된 기함 모델 레인지로버와 똑같은 D7이라 불리는 플랫폼을 이용하고 있으며, 이것은 재규어 XJ와도 공통이다.

알루미늄 보디 조립에는 리벳과 접착제를 이용한다. 스폿 용접도 기술적으로는 가능하지만 스폿 용접은 저항접합이라 도전성이 높은 알루미늄을 접합하기 위해서는 대략 5배가 넘는 큰 전류를 흐르게 할 필요가 있다. 현재의 강판용 스폿 용접 보급이 확산

된 것은 용접 조건의 설정이 까다롭지 않고 용섭하는 시간도 석나는 섬, 이와 관련된 열변형이 적다는 점, 종합적으로 가성비가 뛰어나다는 점 등을 이유로 들 수 있다. 그런데 막대한 전원을 소비할 뿐만 아니라 거대한 가압장치까지 필요로 하는 알루미늄용 스폿 용접기는 현실적이지 않다. 때문에 재규어 랜드로버뿐만 아니라 알루미늄 보디를 이용하는 각 메이커는 2액성 에폭시 수지 접착제와 셀프 피어싱 리벳 위주인 리벳 결합을 보디 접합수단으로 선택하고 있다.

Tesla MODEL S

올 알루미늄으로 만들어진 오리지널 보디

EV를 많은 자동차 메이커가 설계하고 있기는 하지만 비용을 이유로 엔진 차량의 섀시를 유용하고
있는 가운데 EV전문 벤처기업인 테슬라는 전용으로 설계한 올 알루미늄 보디로 만들고 있다.

본문 : 가와바타 유미 사진 : 마키노 시게오 / MFi / 테슬라 모터스

모델 S

전장×전폭×전고 : 4978×1964×1435mm
휠베이스 : 2959mm
무게 : 2108kg

EV 전용으로 설계한 저중심, 고효율 패키지

엔진 차량에 있어서 최대의 하중물은 엔진으로 낮고 중심근처에 장착하는 것이 운동성을 높일 수 있
다. 더불어서 구동전달 시스템의 배치가 패키징에 있어서 관건이다. 하지만 EV에서는 최대 중량물이
전진이고, 구동전달을 하는 전선은 유연하게 배선할 수 있다. 「모델 S」에서는 섀시를 EV 전용으로
설계해 무게중심과 바닥을 낮추었을 뿐만 아니라 성인 5명+어린이 2명이 탈 수 있는 고효율 패키징
을 실현했다. 올 알루미늄 보디를 사용하는 경량 설계는 배터리로 인한 중량의 증가를 상쇄시킨다.

Detail │ 특성이 다른 소재와 접합을 적재적소에 배치

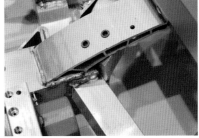

프레스 성형 패널, 다이캐스트, 압출소재 등으로 인해 특성이 다르다. 강도를 필요로 하는 메인 프레임에는 알루미늄 압축소재를 사용한다. 알루미늄 비중은 철의 약 1/3이지만 재료강도가 철보다 낮다. 그래서 고인성(高靭性) 소재를 사용한 단면형상을 개량을 통해 더 가볍고 강인한 보디 구조를 가능하게 한다. 접합은 비스고정, 리벳, 용접이 있다. 중량증가와 비싸다는 점이 문제이기는 하지만 더 확실한 비스고정, 비교적 싼 리벳고정을 구분해서 사용한다. 기존의 MIG용접이나 TIG용접과 더불어 열 영향이 적은 YAG 레이저 용접, YAG와 MIG를 같이 사용하는 하이브리드 용접 등이 있다.

Production │ 중고설비를 사용하는 한편으로 최신 공장 자동화 시스템을 투입

공급업체로부터 1000원에 구입해 저 먼 미국을 횡단하는 형태로 여기까지 옮겨져 온 6축 유압식 프레스기. 사내에서 대형 도어나 보닛을 프레스 성형할 수 있게 되면서 전용 보디 설계가 실현되었다.

테슬라의 보디공장을 보고 가장 놀란 것은 알루미늄 롤 등과 같은 소재가 놓여 있는 모습이었다. 이 롤로부터 대형 도어 패널이나 보닛이 프레스된다. 압출소재나 다이캐스트는 부품으로 구입한다.

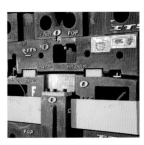

테슬라는 95%의 부품을 자체적으로 만든다. 사진은 왼쪽 6축 유압식 프레스기에서 이용되고 있는 대형 부품용 금형. 이밖에 수지성형이나 알루미늄 주조도 직접 하고 있다.

독일의 FA 메이커인 KUKA제품의 최신 로봇을 사용한 생산 라인. 테슬라 기술진에 따르면 「프로그램 변경으로 유연하게 생산에 대응할 수 있기 때문에 여기에 투자를 집중했다」고 한다. 보디나 내장조립, 시트를 탑재하는 작업 등에 사용되고 있었다.

올 알루미늄 보디로 중량의 증가를 상쇄

미 캘리포니아에서 설립된 EV벤처 테슬라가 만반의 준비를 거쳐 세상에 내놓은 「모델 S」 EV인만큼 파워트레인에 주목하기 십상이지만 최고회전수 16000rpm의 AC모터나 18650규격의 셀을 7000개 이상 탑재한 배터리 팩 이상으로 주목해야 할 것이 EV전용으로 설계된 보디이다.

GM과 도요타의 합병공장이었던 부지를 이용해 만들어진 공장에는 원재료인 알루미늄 롤로부터 패널을 정형(整形)한 다음 보디 조립까지 일괄적으로 생산할 수 있는 설비가 갖춰져 있다. 「디트로이트의 서플라이어로부터

1000원에 양도받았다」는 6축 유압식 프레스기에서는 대형 도어나 보닛 등과 같은 패널의 제품이나 배터리를 넣는 프레임 등을 성형하고 있다. 메인 프레임과 충격흡수를 위한 구조는 단면구조를 개량해 강도를 높인 알루미늄 압출소재가 사용된다. 바퀴 주변은 알루미늄 다이캐스트 제품으로, 접합에는 비스고정과 용접을 같이 사용한다.

일부에는 테일러드 블랭크를 사용하는 등 고도의 알루미늄 소재를 활용하는 배경에는 초기단계부터 자본관계에 있던 다임러의 존재가 있다. 올 알루미늄 보디로 인해 약 140kg

이나 가벼워진 「SL」의 발표가 2012년 디트로이트 쇼에서 있었고 미 캘리포니아에 있는 테슬라 공장에서 「모델 S」가 데뷔한 것이 동년 6월로서 「파워트레인은 테슬라 독자적인 노하우를 살렸지만 섀시 설계에 관해서는 다임러 기술진과의 교류가 도움이 되었다」고 언급한 바 있다. 차량중량은 2018kg이지만 85kW 배터리 팩을 탑재하고 있는 자동차치고는 이례적으로 가벼운 편이다. 23kW인 닛산 리프의 배터리 팩 하나만 하더라도 약 200kg인 것을 감안하면 이 보디가 얼마나 가벼운지 알 수 있다.

BMW i3

CFRP 보디와 알루미늄 섀시로 이루어진 혁신적 보디 구조

BMW 그룹 최초의 전동 모빌리티 「i3」. 주행성능에 중점을 두는 BMW가 EV에서 주안점을 둔 것은, 철저한 경량 설계와 EV전용 구조를 통한 낮은 무게중심이 바탕이 된 재미있는 운전의 창출이다.

본문 : 가와바타 유미 사진 : BMW

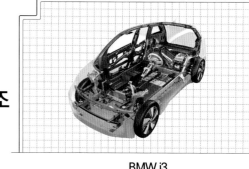

BMW i3

전장×전폭×전고 : 4010×1775×1550mm	
휠베이스 : 2570mm	
무게 : 1260kg	

알루미늄과 CFRP 접착을 통한 강성 향상

올 알루미늄 섀시에 전기 모터나 배터리 등과 같은 전기구동 시스템을 탑재하고, 거기에 CFRP로 둘러싸인 실내공간을 얹어놓는 구조를 채택했다.

Life-Modul with CFRP passenger compartment

Drive Modul

Body surfaces

Lithium-Ion Battery

Electric motor with Power Electronics

EV이기 때문에 가능한 전용설계와 경량소재의 활용

자동차 메이커가 만드는 EV로서 「i3」는 상당히 지혜로운 결단이다. 많은 자동차 메이커가 높은 비용을 이유로 엔진 차량과 똑같은 플랫폼을 사용하는데 반해 「i3」에서는 전용설계를 통해 EV이기 때문에 가능한 구조를 활용한 자동차 제조를 실현한 것이다. "드라이브 모듈"이라고 부르는 부분은 올 알루미늄 섀시 안에 리튬이온 배터리를 감싸 안은 듯한 구조를 가지며, 후방차축 부근에 전기 모터와 컨트롤 장치를 탑재한다. 한편 실내공간을 형성하는 CFRP 컴포넌트는 "라이프 모듈"이라고 부른다.

CFRP 컴포넌트를 생산하는 곳은 최종 조립라인을 가진 라이프쯔히공장과 더불어 뮌헨교외의 란츠후트공장이다. 전부터 경량합금 주조부품이나 모터를 생산하고 있고 카본을 포함한 FRP나 전기구동 등의 혁신센터가 병설되어 있다.

알루미늄 재질의 섀시 프레임, 모터용 기어박스, 배터리 케이스 같은 알루미늄 컴포넌트 생산을 담당하는 곳은 옛 그라스에서 양도받은 100년 역사의 딩골핑공장이다. 여기서는 서스펜션이나 서브 프레임, 롤스로이스 보디 등을 생산해 온 경험을 살리고 있다. 「i3」는 충돌안전기준에는 거의 알루미늄 섀시로 대응하고 CFRP 부분은 주로 충격흡수를 담당한다. 양산차량에서는 실적이 부족한 CRRP를 캐빈 골격에 적용하고, 섀시를 고가의 올 알루미늄으로 만드는데 고심했던 것은 무게중심을 낮추는 것과 경량화이다. 스포티한 주행성능에 기여하는 동시에 경량화는 주행거리 연장으로도 이어져 EV로서의 매력을 배가시키기 때문이다.

• LIFE MODULE

CFRP 컴포넌트 생산에는 RTM방식이 사용된다. 금속부품의 테일러드 블랭크처럼 부위별로 필요한 강도에 맞춰 두께를 바꿈으로서 경량화와 강성에 있어서 최고의 균형을 맞춘다.

알루미늄과 CFRP 접합에는 접착제를 사용하며, 이는 방진·강성 측면에서도 유리하다. BMW에서는 지금까지도 7시리즈에서 다우케미컬 제품의 접착제를 사용한 실적이 있는데 알루미늄 소재 루프를 접착함으로서 4000군데의 스폿 용접을 대체했다.

CFRP 캐빈 전방에는 충격흡수를 위한 구조가 갖추어진다. A필러가 시작되는 지점부터 심(seam)이 없이 연결되어 있다.

충돌안전요건 대부분을 알루미늄 섀시가 담당하며, CFRP 캐빈의 프레임 부분에 충격을 흡수하는 구조를 갖춤으로서 배터리를 감싼 패키지의 보호역할을 수행한다.

사이드 패널의 CFRP만 해도 몇 종류의 두께가 있다. 강도가 필요한 방향에 맞춰 섬유를 배향함으로서 얇게 만들 수 있다. 사이드 패널은 여성 혼자서도 들 수 있을 만큼 가볍다.

경량소재의 장점을 끌어내는 최적 설계

작은 보디에 어른 4명이 여유 있게 앉을 수 있을 만큼 넓은 실내를 확보할 수 있었던 것은 EV전용 설계의 섀시 때문이다. CFRP 소재의 사이드 패널이 프레임 부분에서 강도를 갖기 때문에 B필러를 없앤 것도 독특하다. 배터리 등과 같은 중량물은 모두 섀시 프레임에 내장해 무게중심을 낮춘다. 경량화에도 심혈을 기울여 경량소재 활용과 더불어 각각의 컴포넌트에서 필요로 하는 강도를 최적화함으로서 새로운 소재를 사용하는 효과를 최대한으로 살리고 있다.

• DRIVE MODULE

프레임 부분은 내충격 측면이나 내부에 탑재되는 배터리 중량을 지지하는 의미에서도 강도를 필요로 한다. 단면형상을 개량해 강도를 높인 알루미늄 압출소재를 프레임에 사용한다. 그 위로 CFRP 캐빈이 올라간다.

로봇이 대형 알루미늄 소재의 섀시를 뒤집어 청백색 불꽃을 튀기면서 용접하는 모습은 역동적이다. 용접에는 부분에 따라 MIG와 레이저를 구분해서 사용하지만 때로는 같이 사용하기도 한다.

「i3」는 바퀴주위에도 당연히 알루미늄을 사용한다. 앞 맥퍼슨 스트럿 방식(안티 다이브 기능 내장)에 뒤 멀티링크 방식으로, 리어 서스펜션은 드라이브 모듈과 직결되는 구조이다.

HONDA Super Light Structure

혼다가 2020년대를 목표로 개발 중인 CFRP 플로어

혼다가 초경량화 기술을 통한 「달리는 즐거움」과 「연비향상」의 양립을 목표로 개발 중인
CFRP 플로어 모노코크. 2020년대 시판을 목표로 하고 있다.

본문 : MFi 사진 : 야마가미 히로야 / MFi

자동차 전체적으로는 30%, 보디만 치면 50%를 경량화할 수 있다. 플로어에만 강성을 부담시키기 때문에 단순히 재료를 CFRP로 바꾸기만 한 것이 아니라 하중이 이동하는 방법, 전달방법을 전부 다시 검토했다고 한다. 카본 소재 무게만 치면 80kg.

시작품은 오토크레이브 제조방식이지만 재료는 미래를 전망해 싼 것을 사용했다. 실제 제조는 프레스나 RTM을 상정하고 있다. 본격적인 생산은 2020년대이지만 그 이전이라도 스포츠 모델 등에 적용할 것 같다.

올 알루미늄 섀시에 전기 모터나 전지 등과 같은 전기구동 시스템을 탑재하고, 거기에 CFRP로 둘러싸인 실내공간을 얹어놓는 구조를 채택했다.

CFRP 플로어에 알루미늄 베이스 프레임을 조합하는 구조. 서스펜션이나 엔진의 마운트 등 집중하중을 받는 부위는 메탈을 사용하는 것이 CFRP의 부담이 줄어든다고 한다.

실험차량 제원

	실험차량	기존대비
차체중량	800kg	-30%
무게중심 높이	508mm	-26mm
관성모멘트 롤	245kg·mm²	-41%
피치	983kgf·mm²	-32%
요	1110kgf·mm²	-32%
가속성능	0→100km/h 8.3초	30% 향상
연비(JC08)	24.7km/l	20% 향상

강체와 차량실내를 분리해 재료의 변경으로 경량화. 2020년대 실용화를 목표

혼다가 2013년 11월에 발표한 CFRP에 의한 Super Light Structure는 보디에 대한 개념을 크게 바꾸는 혁신적인 아이디어이다. 보디 강성, 충격흡수를 CFRP 플로어 모노코크가 담당하게 하고 플로어 위로 올라가는 구조물에 대해서는 자유로운 설계가 가능하도록 한 것이다. 여기에 알루미늄 스페이스 프레임과 GFRP 소재의 충격 흡수 구조가 따라붙는다. 시작 차량으로 CRZ라고 하는 스포티 모델을 선택했지만, 혼다는 2020년대에 스포츠 모델 이외의 차종에도 적용하겠다는 계획이다. CFRP를 사용하는 가장 큰 목적은 경량화. 경량화를 하려면

기본 구조에 가까운 부분을 바꾸는 편이 효과가 크다. 이 시작단계에서도 장기 신뢰성, 충돌 안전성을 포함해 기술적으로 구축되었다고 한다. CFRP 플로어 제작방법은 비용 측면 때문에 프레스나 RTM(Resin Transfer Moulding)을 사용해 성형한 상하 부자재를 접착한다. 소재도 양산에 대비해 UD(UniDirection)이나 논 클림프 패브릭(Non-Crimp Fabric, NCF)을 상정하고 있다고 한다. 관건은 양산시점에서의 생산성과 자동화이다.

YAMAHA MOTIV

고든 머레이의 istream과 야마하의 합작

1991년의 OX9911 이후, 자동차 진출계획을 발표한 야마하
도쿄 모터쇼에 전시된 것은 현실감 넘치는 소형차량이었다.

본문 : 다카하시 잇페이 사진 : 야마가미 히로야

프런트 섹션 우측을 진행방향
쪽으로 각형단면을 한 파이프
부자재가 가로지른다. 전방에
서 입력되는 충격을 감안해 부
하경로(load path)를 형성하고
있는 것처럼 보인다.

마치 프런트 타이어가 위치
하는 부분을 피해 가듯이
프레임 하부를 구성하는 강
관이 우아한 곡선을 그리고
있다. 세로방향으로 뻗은
각형 단면 파이프는 그것과
는 대조적으로 직선기조로
설치되어 있다.

프런트 엔드 근처에 설치된 충격
마운트 부분. 주위의 프레임 워
크 등 때문에 프런트 서스펜션
형식은 맥퍼슨 스트럿이 적용된
것으로 추측된다.

강관 파이프 프레임에 FRP 소재를 조합하는 구성은 고든 머
레이가 주창하는 istream 콘셉트에 기초한 것이다. 플로어
등을 형성하는 검은 패널 부분이 FRP 제품이다.

프레임 하부를 앞뒤로 연결하는 부
분을 제외하면 대부분이 각형단면
파이프 부자재로 구성된 강관 파이
프 프레임. 필러부터 루프까지를 1
개로 연결하는 구성 등 도처에 뛰어
난 강성을 엿볼 수 있다. 여기에 보
디 패널을 부착함으로서 야마하다
운 약동감 넘치는 디자인 보디가 만
들어지는 것이다.

야마하 모티브

전장×전폭×전고 : 2690×1470×1480mm	
무게 : 730kg(EV)	

강관 프레임과 복합소재가 조합된 새로운 콘셉트 카의 탄생

도쿄 모터쇼에서 야마하의 자동차 진출이 발표되었다. 콘셉트 모델로
전시된 것은 「MOTIV」로 명명된 2인승 소형차량. 영국 Zytek회사 제
품의 전동 파워트레인을 탑재하고 있으며, 이미 주행할 수 있는 상태라
고 한다. 주행이 가능한 EV 상태에서의 차량중량은 730kg. 기타 레인
지 익스텐더 탑재형 EV나 1000cc 3기통 엔진 탑재도 검토하고 있다
고 하며, 엔진 단독으로도 전시. 이 엔진도 이미 테스트 장치에서 돌리
고 있는 엔진으로서 흡배기 모두에 가변밸브장치를 갖추는 등 상당히

현실적인 구성을 하고 있다. 고든 머레이의 iStream 기술을 적용해 강
관 파이프 프레임과 복합소재를 조합한 가볍고 강성이 높은 구성이 특
징이다. 들리는 이야기로는 고든 머레이 왈, 「그 오토바이를 만드는 야
마하라면」라고 하면서 제휴를 쾌히 승낙했다는 것이다. 그리고 보면 그
가 손댄 스포츠카 「로켓」에는 야마하 제품 엔진이 탑재되기도 했다. 어
쨌든 등장이 기다려지는 모델이 아닐 수 없다.

Epilogue

보디야 말로 핵심 기술

자동차 메이커뿐만 아니라
그 나라의 총체적 역량을 나타내는 보디

설계와 소재, 접합이 보디를 좌우하는 주요 요소이다.
이런 요소들은 모두 현 산업사회에 있어서 중심적인 기술이다.
바꿔 말하면 자동차 보디는 그런 총체적 역량인 것이다.

본문 : 마키노 시게오 사진 : 테슬라 모터스

충돌안전기준 강화는 전면 충돌부터 시작되어 측면 그리고 후방으로 확산되었다. 하지만 이것으로 일단락된 것은 아니다. 근래 2년간을 보면 전면 충돌에 스몰 옵셋이라고 하는 새로운 개념이 투입되었다. 또한 국가기준보다 엄격한 시험방법을 제창해 온 미국 보험업자단체인 IIHS는 비스듬한 방향의 스몰 옵셋 시험을 준비 중이다. 몇 년 전에는「이제 큰 변화는 없을 것이다」는 분위기가 일본 자동차 업계 내에서는 지배적이었지만 상황이 확 바뀌었다.

과거 충돌안전기준 강화가 자동차 보디의 구조를 바꾸는 계기가 되었다. 내충돌 성능 향상은 과거 10년을 돌아보면 크게 향상되었다. 하지만 앞으로의 10년은 지금까지와는 전혀 사정이 다를 것이다. 경량화와 동시에 새 기준 강화에 대한 압박을 받게 되는 것이다. 그것도 이미 자동차를 구성하는 강판은 최대한으로 얇게 만들고 있는데도 불구하고 더 중량을 낮춰야 한다면 구조를 근본적으로 다시 손본다든가 지금까지 손대지 않았던 소재를 이용하는 방법밖에 없다. 또는 철보다 훨씬 가벼운 카본 등과 같은 소재를 대량으로 도입하는 것도 방법일 것이다.

소재는 일본이 잘 하는 분야이다. 철, 비철금속, 수지 모두 일본기업의 기술력은 대체로 높은 수준에 있다. 하지만 근 수 년 동안의 일본은 신 재료 분야에서 좀처럼 성과를 못 내고 있다. 고액 모델을 제외하면 자동차 보디의 변화는 「초고장력 강의 사용비율 증가」정도이다. 바꿔 말하면 기존의 소재를 사용하면서 보디를 진화시켰다는 의미로서 순수하게 기술 측면에서만 보면 이것은 훌륭한 성과이기는 하다.

하지만 이러니저러니 하고 있는 동안에 일본의 소재산업은 추격을 허용하고 있다. 철 분야에서는 신일철주금, JFE, 고베제강이 고로에 있어서의 대기업이지만 시야를 조금 넓혀

아시아 전체적으로 보면 한국의 포스코와 중국의 보강(宝鋼)집단이 입지를 강화했다. 보강은 이미 중국에 있는 일본계열 자동차 메이커에 980MPa급 DP강을 공급하고 있다. 다음은 1180MPa로 공략할 것이다.

그렇다면 일본세는 어떻게 될까. 성형성이 뛰어난 1180MPa이 등장하면서 980MPa 같은 경우는 이제 당연하게 프레스할 수 있는 시대로 돌입하고 있지만 그것을 사용하는 자동차 메이커 쪽이 「강판강도 향상」「판 두께 다운」 같은 변경에 한계를 느끼고 있다. 앞으로 철에 요구되는 것은 더 나아간 기능의 세분화일 것이다. 에너지 흡수성이 뛰어난 철, 횡방향 굴절에 강한 철 등 기능별 세분화는 필수적일 것으로 생각된다.

그런데 세계를 둘러보면 일본국내와는 다른 경향도 느껴진다. 아래 그래프는 2013년의 유로카 보디에서 프레젠테이션을 한 모델과 그 투표결과이다. 보디, 소재, 접합 분야의 기술자들이 「자동차 메이커 발표」를 바탕으로 채점을 한 것으로서 평가 경향은 「구조설계」와 「멀티 소재」이다. 과거의 유로카 보디에 출전했던 모델을 되돌아보면 기술 트렌드는 오히려 일본이 리드해 왔다. 그런데 몇 년 전부터 한국세에 대한 주목도가 높아지다가 실적에서는 유럽세, 특히 독일세가 압도적으로 두드러지게 되었다.

독일은 자동차 산업을 국가전략의 중심에 두고 있다. 다양한 산업분야가 참가하는 것이 자동차이고, 국가를 짊어지는 기술 플랫폼이라고 위치시켜 놓고 있다. 물론 일본의 자동차

업계도 그렇게 생각한다. 하지만 국가 총력적이라고 하는 인식은 그다지 강하지 않은 것처럼 생각된다.

한편 자동차 메이커의 보디 설계부문은 「보디야 말로 코어기술」이라고 말한다. 충돌대응과 경량화를 양립시킬 필요가 있는 현재, 보디는 어중간 노하우로는 설계할 수 없다. 분명히 그렇다. 하지만 일본 메이커들은 대체 모험성이 떨어진다. 기술개발에 대한 방향성은 비용이 중심이다. 철강은 중국과 한국에 쫓기고 있고 자동차 메이커는 유럽세를 곁눈질하면서 안전영역에 안주하려 하고 있다는 그런 인상을 준다. 카본 소재도 원래는 일본이 리드해 온 분야이지만 현재는 소재만 공급하고 있을 뿐이다.

보디야 말로 코어기술. 그렇다면 거기에 걸맞는 기본전략이 일본의 자동차 산업계 안에 있어야 하지 않을까. 전 세계 부유층이 유럽제 카본 자동차, 올 알루미늄 자동차에 취해버리기 전에 세계가 요구하는 것을 일본이 내놓길 바란다. 그것이 반드시 카본이어야 할 필요는 없다. 또한 고가의 소재를 많이 사용한 자동차도 아니다. 경량 저탄소 자동차 사회에 맞는 뭔가 보편적이고 전략적 발상이 있으면 좋겠다. 일본 국내의 자동차 시장은 현재의 자동차 산업 구석구석까지를 만족시킬 만큼 크지 않다. 일본이 할 수 있는 전체적인 구상을 관련 분야까지 포함해 계획해 볼 시기가 왔다고 생각한다.

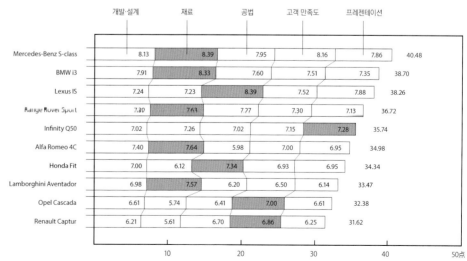

	개발·설계	재료	공법	고객 만족도	프레젠테이션	
Mercedes-Benz S-class	8.13	8.39	7.95	8.16	7.86	40.48
BMW i3	7.91	8.33	7.60	7.51	7.35	38.70
Lexus IS	7.24	7.23	8.39	7.52	7.88	38.26
Range Rover Sport	7.30	7.63	7.77	7.30	7.13	36.72
Infinity Q50	7.02	7.26	7.02	7.15	7.28	35.74
Alfa Romeo 4C	7.40	7.64	5.98	7.00	6.95	34.98
Honda Fit	7.00	6.12	7.34	6.93	6.95	34.34
Lamborghini Aventador	6.98	7.57	6.20	6.50	6.14	33.47
Opel Cascada	6.61	5.74	6.41	7.00	6.61	32.38
Renault Captur	6.21	5.61	6.70	6.86	6.25	31.62

독일에서 매년 개최되고 있는 유로카 보디는 설계 엔지니어들의 「축제」같은 측면도 갖는다. 참가자의 약 20%를 일본인이 차지하는 상황은 10년 정도 변함이 없지만 최근에는 중국과 한국에서의 참가가 두드러진다. 그야말로 포스코와 보강의 약진에서 비롯된 것이다. 중국은 독일을 따라서 자동차 산업을 국가전략 가운데 하나로 정의하고 있다. 가까운 미래에 중국기업은 이 회의에 독자적인 모델을 갖고 올지도 모른다. 가령 기술은 끌어 모아서라도 자동차를 제조할 수 있는, 그것이 현재의 세계인 것이다.

Motor Fan
illustrated

Vol 1

친환경자동차

Vol 2

F1 머신
하이테크의 비밀

Vol 3

엔진 테크놀로지

Vol 4

하이브리드의 진화

Vol 5

트랜스미션
오늘과 내일

Vol 6

가솔린 · 디젤
엔진의 기술과 전략

Vol 7

튜닝 F1 머신
공력의 기술

Vol 8

드라이브 라인
4WD & 종감속기어

Vol 9

자동차 디자인

Vol 10

조향 · 제동 속업소버

Vol 11

전기 자동차 기초 &
하이브리드 재정의

Vol 12

신소재 자동차 보디

Vol 13

타이어 테크놀로지

Vol 14

자동변속기 · CVT

Vol 15

디젤 엔진의 테크놀로지